血！

動物瘋奧運

ANIMAL
SPORTS
CHAMPIONSHIP

新宅廣二 著
イケガメシノ
イシダコウ 繪

瑞昇文化

前言

舉凡奧林匹克運動會、世界盃足球賽、棒球的WBC等等，在各式各樣的運動競技當中，看見選手們發揮平日練習成果的身影，總讓人忍不住想大聲喝采：「人類也不會輸給動物嘛！」因為那美麗、充滿力量的模樣而深受感動。

與此同時，瞧見動物們超厲害的能力、生態、驚人的行為，有股心情油然而生——擁有這樣的特技卻只能留在「動物」的世界裡，實在是太浪費了！

既然如此，就仿效人類，也讓動物們來參加競技的話，又會怎麼樣呢？因為腦中萌生這樣的想法，這個企劃因此展開。

人類運動的最大魅力在於「能否在正式比賽時拿出練習的成果」或是「能否突破練習、創下超乎想像的紀錄」，這些心理層面包含了戲劇性的要素。而這一點

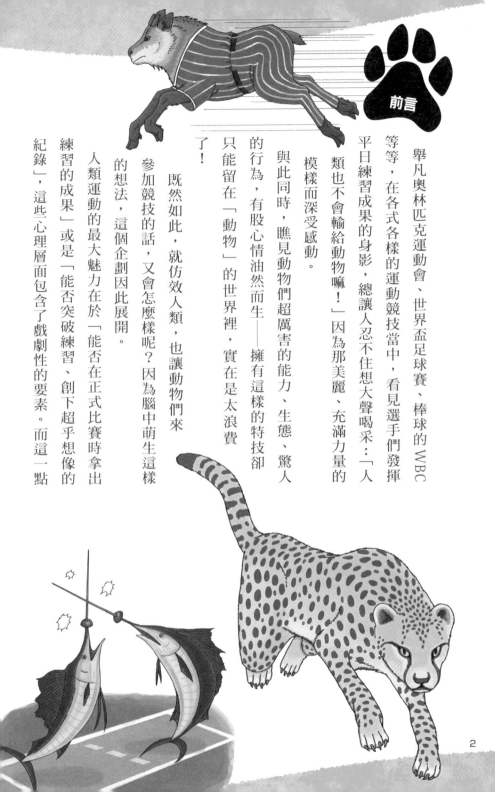

在動物們的世界裡也是一樣的。獵豹的時速可達120㎞、袋鼠一跳可以到12m遠等等，不光是這些特點，牠們擁有的力量是否用在「最合適」的場合也是一個問題。

本書以這群野生動物的生態、動物心理、能力等條件為考量，將人類運動作為舞台，從選手選拔委員的角度去設想並選出參加這場虛構運動賽事的動物們，還抱著好玩的心態試著對各項競技的結果進行了預測。

也請各位讀者時而化身成觀眾、時而化身為教練，透過這本書，一同享受荒唐古怪的幻想吧！就跟人類的運動競技一樣，不論結果是勝是敗，看到動物們全力以赴挑戰競技的模樣，那深刻的感動應該都觸動著我們的內心。

新宅廣二

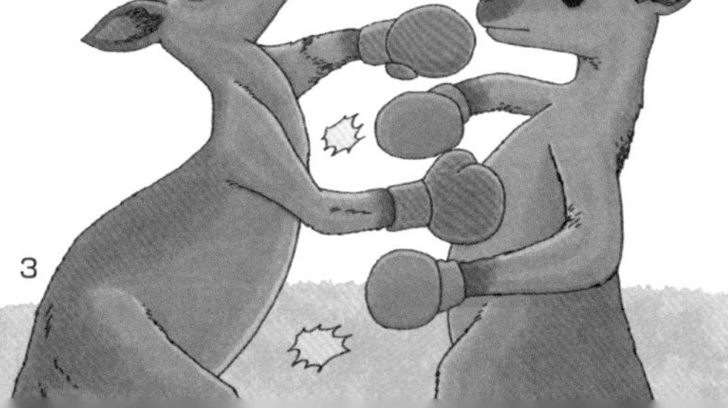

目次

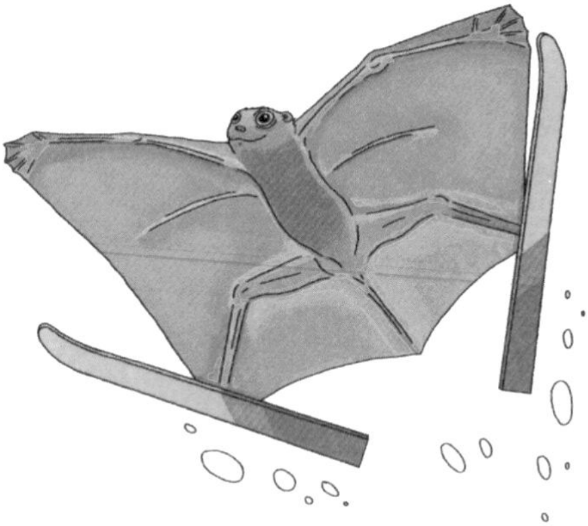

第1章 田徑運動

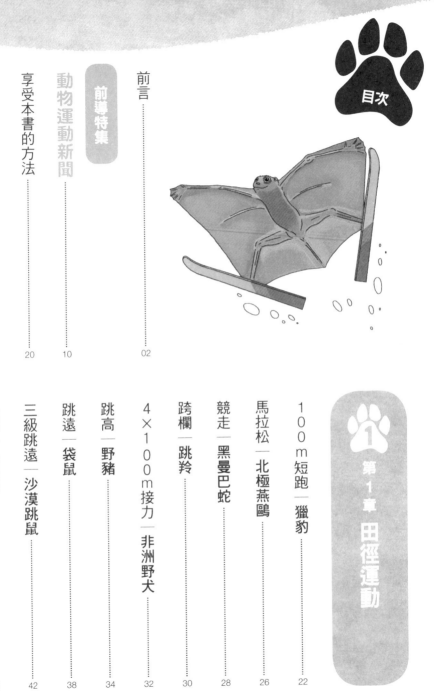

第2章 水上運動

3 第3章 室內運動

第4章 球類運動

第5章 室外運動

第6章 冬季運動

一決勝負！動物運動冠軍賽開幕

全世界的動物們雲集於此
透過人類的運動競技
拿出真本事互相比拼

人們憧憬野生動物優越的運動能力，就算一小步也好，為了朝目標更近一步，而持續鍛鍊肉體、舉辦運動競技互相較勁。動物界不斷傳出「讓牠們見識見識真正的野生之力」這樣勇猛的聲音，來自各方的呼聲逐漸高漲，本大會因此開辦。以第三屆的本屆大會為題，為您帶來最全面的報導。

本世紀最大規模！！
動物・運動的祭典！！
Animal Sports Championship

20XX年X月XX日

六環 聖火傳遞

一般的動物因為本能而怕火？

《咔嚓咔嚓山》中的狸貓（貉）選手將聖火交給倭黑猩猩選手。

由喜歡火的動物，來傳遞聖火

在以各地市民為對象的公開招募活動中，選出了傳遞聖火的跑者。由會使用打火機升起篝火的倭黑猩猩（美國）、喜歡森林大火的黑鳶（澳洲）、精於使用高溫的三井寺步行蟲（日本）等選手來進行聖火的傳承。

嚎叫聲可以傳到多遠的地方呢!?

狼以驚人的音量 選手宣誓!?

狼選手

狼以驚人音量發出的長嚎令全場熱血沸騰

在開幕式中，由動物選手代表——狼選手來進行宣誓。「宣誓！我等動物發誓，我們將遵循本能，光明磊落地參加比賽！」在說完誓詞之後，響徹四方的長嚎令全場熱血沸騰。狼選手因其高超的體能，在本屆大會的出場競技數是最多的。

100m3秒多之壁

獵豹能夠締造世界新紀錄嗎？

期待陸界和泳界的焦點選手獵豹和雨蛙的精彩表現！

各界對於田徑運動100m短跑的討論十分熱烈。無人能敵的衛冕者獵豹選手在本屆大會也毫無疑問會奪冠，不過牠是否能夠打破100m短跑3秒多的紀錄呢？全世界的人們都相當關注。整座體育場都快被聲援獵豹、模仿其招牌而在眼睛下方畫上黑色油彩（eye black）的粉絲們給淹沒了！

缺乏體力是一大弱點

而在游泳項目備受矚目的是擅長蛙式的雨蛙選手。雖然牠以沉默寡言、討厭媒體而出名，但練習與身心狀態已做足了萬全的準備。上屆大會榮獲金牌受訪之際，成了流行語的「實在太爽了！」的這句感想，不知道這次還有沒有機會再聽到牠親口說出呢？

金牌最有望！雨蛙

游泳 蛙式

關注項目！運動攀登

本屆大會追加項目
蔚為話題的新競技
接踵而來！

世界王者
獅尾狒選手
猴界的
時尚先驅！

攀崖高手廣從世界各地集結而來

本屆大會新增項目的競技當中，氣氛最熱烈的就是運動攀登了。在體驗活動中也可以看到有不少小朋友正在排著隊。

目標是三連霸

獰貓 彈翻床

絕望的傷中爬起
奇蹟復出
繼續挑戰！

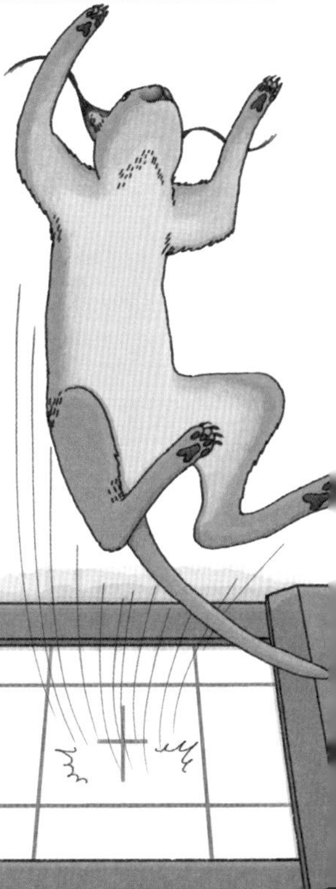

提升專注力，呈現最棒的跳躍！

最受世人關注的其中一項室內運動就是彈翻床。尤其是獰貓選手能否達成三連霸制勝，眾人對牠寄予高度的期待。據牠所言，在比賽前夕聆聽音樂劇《貓》，有助於提升自己的專注力。

獨家新聞！

棕熊選手♂與北極熊選手♀驚傳結婚消息⁉

「金牌手到擒來」聲勢高漲的運動員俠侶的動向成了話題焦點⁉

被閃光燈猛照而大怒的棕熊選手。

「黑白分明」震驚粉絲！灰熊困擾

刊登於週刊雜誌上的緋聞——棕熊選手（♂）與北極熊（白熊）選手（♀）的結婚報導是當今的熱門話題。由於正式聲明既沒有否定也沒有承認這則消息，連日有各家記者追至選手村爭相採訪，戰況越演越烈。憂心恐對競技造成影響，呼籲各大媒體應遵守採訪自律的聲浪漸高，但是針對這對明星選手的關切還不見收斂。

和平的象徵 鴿子遭聖火焚身的事件⁉

沒有買票入場的鴿子們站在聖火台上「看免錢」成了一大問題。呼籲民眾應注意自身安全，以免慘遭聖火焚身。

20XX 年 X 月 XX 日

不行！絕不容許！出場選手捲入

運動禁藥疑雲

因為半帶好奇而沾染藥物的結果
導致事態如脫韁野馬一發不可收拾！

運動選手服用禁藥的問題越發嚴重

黑帽捲尾猴選手及野豬選手疑似經常在食用會產生幻覺的毒菇。此外，服用具毒性之藥物的河魨選手、箭毒蛙選手受到禁賽1年的處分。就連海豚選手也有服用毒物的嫌疑。

「菇？吃下後的確有可能會頭暈目眩。」野豬選手如是說。

疑似與同伴亂用少量的河魨毒素、拿來享樂的海豚選手。

待解課題在於落地的精準度

精選特集

動物運動冠軍賽 冬季同時舉辦！

現在不是冬眠的時候！

跳台滑雪 鼯猴 世界新紀錄能否刷新！

由豪華嘉賓盛大開場，冬季大會也一同開辦！

冬季動物運動冠軍賽盛大開幕，以歌手吼猴為首的豪華嘉賓陣容所帶來的表演，博得了滿堂喝采。

各項競技都非常有可看性，而最受矚目的其中一個項目就是跳台滑雪。選手當中的上屆大會王者——鼯猴選手，更是眾人關注的焦點。因為來自南國，面臨這項在寒冷地區舉辦的競技，有許多分析師懷疑牠是否能夠發揮實力。不過，牠在母國練習時曾經創下超越王舍城K點的紀錄，狀態絕佳。眾人滿心期待牠能以特大跳躍創下大會新紀錄。

20XX年X月XX日

狼獾會奪金嗎？

短道競速滑冰

遊走在違規邊緣

選手疑似對教練職權騷擾!? 被害者向大會申訴

其無禮言行十分出名

在冰上展開的激戰引人注目！

在短道競速滑冰項目中，狼獾選手將會出場。雖然牠被公認是最有可能拿下金牌的選手，卻為了求勝不擇手段，有時甚至會使出一些遊走在違規邊緣的技倆。另外，職權騷擾的問題也浮上了檯面。各方面來看都是一位備受關注的選手。

另一方面，在花式滑冰項目，令全世界的女粉絲傾心不已的日本獼猴選手將會出場。對美的極致追求、再加上高技術分&表演分，相信要創下歷代最高總分也不是夢。粉絲的熱情高漲到幾乎連冰都可以融化了呢！

四年一次的足球祭典

動物世界盃足球賽

守備也很堅強的非洲代表隊

組織能力強大的歐洲代表隊

粉絲滿心期待的攻擊足球

一爭足球顛峰的盛事，每四年舉辦一次的世界盃。看到眾多明星選手雲集而來，令足球粉絲大為興奮，早早帶動了熱烈的氣氛！

本屆大會尤其備受矚目的是非洲代表隊。期待獵豹選手、非洲野犬選手等飛毛腿前鋒大放異彩，展現攻擊足球的技術。

而在亞洲／澳洲代表隊中，普氏野馬選手、山羌選手以速攻邊線側擊所帶來的超攻擊型布陣也將於比賽當中亮相。

勢均力敵的五支隊伍一決高下

再來就是以守護神北極熊選手為代表的鐵壁防守歐洲代表隊。主打穩健戰鬥路線的北中美代表隊、擁有超強個人技的夢幻球員雲集的南美代表隊，也都不容錯過。由於各方戰力勢均力敵，不管是哪一支隊伍贏得優勝都不奇怪。

以穩健控球為特徵的北中美代表隊

因魅力球技引起熱議的南美代表隊

20XX 年 X 月 XX 日

終於迎來頂上對決！

世界棒球經典賽 動物WBC

目標是蟬聯冠軍的美國代表隊VS 能否奪回王座？日本代表隊

四強的死鬥終於要開始了！

爭奪棒球世界第一寶座的WBC也將迎來最後關頭！確定於本屆大會淘汰賽出場要一決勝負的隊伍，分別是美國代表隊、日本代表隊、韓國代表隊以及哥斯大黎加代表隊這四強。美國代表隊的大砲狼選手以及日本代表隊的王牌日本獼猴選手、韓國代表隊中以強力打擊奠定好口碑的朝鮮虎選手、哥斯大黎加代表隊稻草人式打擊法的大紅鶴選手……不管是哪一支隊伍，都聚集了不少實力堅強的個性派選手。其中備受矚目的，便是這次主力選手也全員參賽的上屆大會霸主美國代表隊，與上上屆的優勝國日本代表隊之間的正面對決。如果都順利晉級的話，預計會是這兩支隊伍進入決賽爭奪優勝。門票在網路上已經哄抬到將近50倍的價格了。

享受本書的方法

主要出場選手

將以下述方式預測競技結果。

◎最有望奪金者

○金牌或銀牌？

▲銀牌或銅牌？

△有機會奪銅？

競技的預測

針對焦點選手及競爭對手的能力進行分析，預測勝負的走向。

競技項目

關於本頁所介紹的競技項目名稱及其特徵。

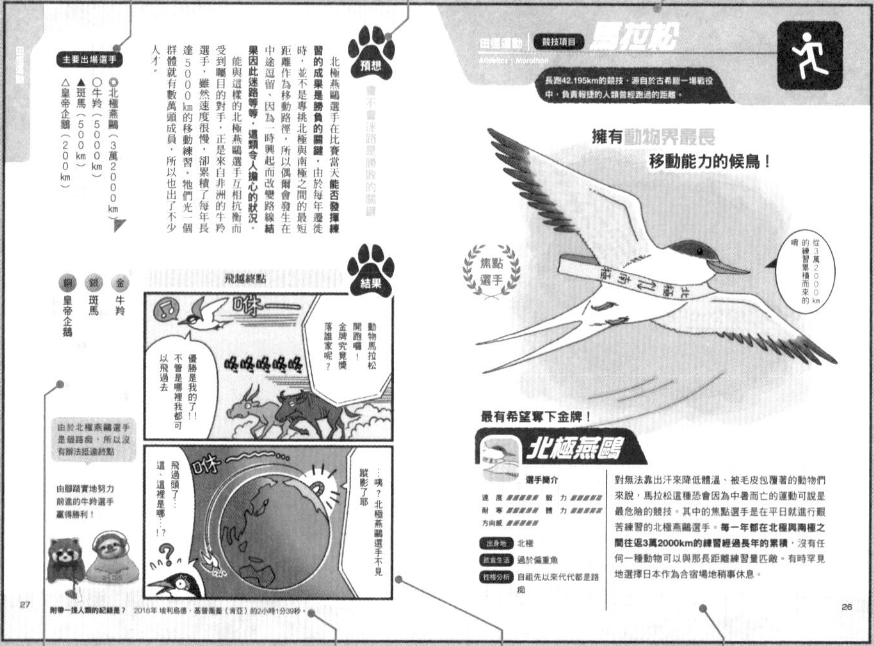

競技的結果

競技最後的結果是什麼呢？在此為您揭曉。

可靠消息

人類運動的紀錄、能夠進一步深入了解該競技的資訊。

漫畫

該競技是如何進行的呢？以漫畫來呈現賽事的狀況。

焦點選手

這項競技的勝負關鍵以及焦點動物的相關資訊。

注　意

本書是以各種動物的習性及特徵為考量，試著讓動物們挑戰各項運動，**所想像出來的動物娛樂書**。實際上動物在構造上根本握不起來的運動器材卻握住了、尺寸上有著巨大差異的動物卻能進行比賽等等，有時也會出現上述情形，關於這一點，**還請各位用寬大的胸襟包容、用無限的想像力**盡情享受本書的內容。

第 1 章

田徑運動

Athletics

以陸地為舞台，把「跑」、「跳」、「投」這些能力鍛鍊到極致，代表陸上的最強動物們將一決高下！

田徑運動 | 競技項目

100m短跑

Athletics | 100m Short Track

衝刺100m比賽名次。人類的話大約10秒能分出勝負，是備受矚目的一項競技。

加速到時速100km只要3秒 以傲視群雄的加速力自豪 動物界最快的短跑選手！

焦點選手

因為光爪子就不一樣了嘛

最有望奪「金」者

獵豹

選手簡介

速度		毅力	
加速		體力	
失常			

出身地 肯亞

飲食生活 都是肉

性格分析 靦腆的肉食系

跑得快對所有動物而言都是究極的夢想。不管從捕捉獵物還是逃離敵人的角度來看，都是最為重要的能力。在這項競技中最受矚目的，就是來自非洲的獵豹選手。**最高速度輕輕鬆鬆就能來到120km**。在短跑當中最重要的並不是最高速度而是加速力，**而獵豹選手要飆到時速100km只需短短3秒**。擁有這種爆發性加速力的動物在地球上除了獵豹以外沒有別人。

獨家新聞！
獵豹的獵物遭人搶奪！?

獵豹選手的狩獵成功率有40%，是貓科動物當中最高的。不過卻經常被鬣狗等動物搶走獵物，結果因此挨餓的機率高達了70%。雖然跑得很快卻不擅長打鬥，所以才會每每遭到鬣狗等流氓的強取豪奪。此外，由於牠也沒有像花豹那樣能把獵物拖上樹的肌力，所以只能趕在被勒索之前慌忙開動，其實很容易胖。

相關人士的評論

教練

每每練習時，我心中總是忐忑不安啊。因為獵豹的骨骼輕量化了，所以很容易骨折。

業界相關人士

獵豹選手會抓住奔逃獵物的後腳使其翻倒，藉此捕捉獵物，所以即便時速達到100km以上，在奔跑時仍會讓自己的前腳向上浮起呢。

練習場景

牠是世界紀錄3.07秒的保持者嘛。一路順利的話，毫無疑問會由獵豹選手奪得金牌吧

正所謂最大的勁敵就是自己呀

靠著這條超越體長的長尾巴來保持平衡，在高速狀態下甚至可以做出直角轉彎的動作。只不過，單次跑起來僅能持續60秒左右。

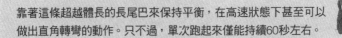

預想

為短跑而生的最強構造 令牠無比自豪

在獵豹選手的速度當中藏有幾個秘密。不同於其他貓科動物，**爪子不會內縮的特製「鞋釘」**，讓獵豹得以節省起跑時伸縮爪子的時間，非常講究。奔跑時，脊椎大幅彎曲的姿勢**令步幅十分寬廣，跨一步就可以前進多達7m**的距離。

為了避免在高速狀態下眼睛因為風壓而乾澀，淚量很多，最大的特徵就是**在眼睛下方有黑色淚紋（eye black），而且是貓科當中唯一有此特點的動物**，就算光線再刺眼也能聚焦鎖定目標獵物。從獵豹的外表也能看出不少區分的特徵，如果把牠跟沒有黑色淚紋的花豹搞混，本人可是會非常不高興的。唯一的弱點就是毫無耐力可言，如果是一次定勝負的話，金牌幾乎是手到擒來吧。

主要出場選手

◎獵豹（時速120km）
○叉角羚（時速95km）
▲鬃狼（時速90km）
△象鼩（時速30km）

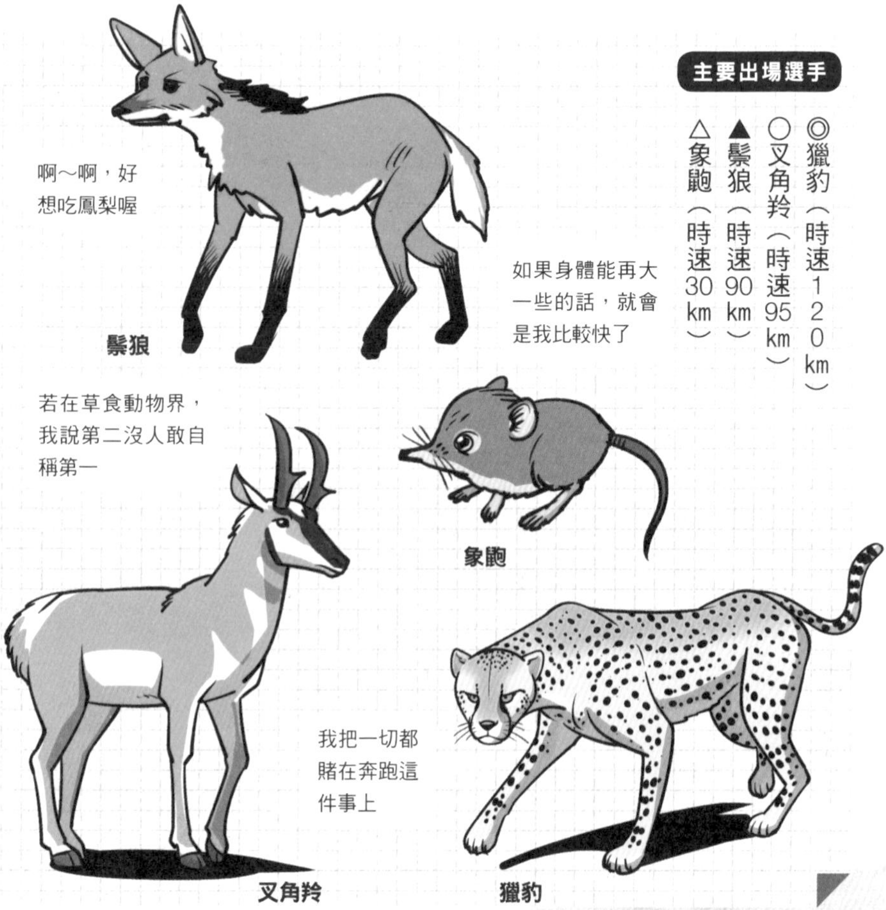
啊～啊，好想吃鳳梨喔
鬃狼
如果身體能再大一些的話，就會是我比較快了
若在草食動物界，我說第二沒人敢自稱第一
象鼩
我把一切都賭在奔跑這件事上
叉角羚
獵豹

金 叉角羚
銀 鬣狼
銅 獵豹

結果
因為搶跑而精疲力竭
100m短跑
各就各位～
預備
開……
咻
輕鬆獲勝!!
…呃，獵豹選手起
跑犯規了～
!?
你太早出發了
啦～
重新來過！
各就各位～
預備——開始！
不行了…
剛才的關係
耐力已經…
筋疲力盡～
獵豹也沒什麼
了不起的嘛…

動物川柳
雖然跑得快 能跑的時間 卻只有1分鐘唷

附帶一提人類的紀錄是？ 2009年 烏塞恩．博爾特（牙買加）的9秒58。人類的話，只要在10秒以內就可以榮登世界排名。

田徑運動 | 競技項目

馬拉松

Athletics | Marathon

長跑42.195km的競技，源自於古希臘一場戰役中，負責報捷的人類曾經跑過的距離。

擁有動物界最長移動能力的候鳥！

北極⇅南極
從3萬2000km的練習累積而來的唷

焦點選手

最有希望奪下金牌！

北極燕鷗

選手簡介

速度 ■■■■■　毅力 ■■■■■
耐寒 ■■■■■　體力 ■■■■■
方向感 ■■■■■

出身地 北極

飲食生活 過於偏重魚

性格分析 自祖先以來代代都是路痴

對無法靠出汗來降低體溫、被毛皮包覆著的動物們來說，馬拉松這種恐會因為中暑而亡的運動可說是最危險的競技。其中的焦點選手是在平日就進行艱苦練習的北極燕鷗選手。**每一年都在北極與南極之間往返3萬2000km的練習經過長年的累積**，沒有任何一種動物可以與那長距離練習量匹敵。有時罕見地選擇日本作為合宿場地稍事休息。

預想

會不會迷路是勝敗的關鍵

北極燕鷗選手在比賽當天**能否發揮練習的成果是勝負的關鍵**。由於每年遷徙時，並不是專挑北極與南極之間的最短距離作為移動路徑，所以偶爾會發生在中途逗留、因為一時興起而改變路線**結果因此迷路等等，這類令人擔心的狀況**。

能與這樣的北極燕鷗選手互相抗衡而受到矚目的對手，正是來自非洲的牛羚選手，雖然速度很慢，卻累積了每年長達5000km的移動練習。牠們光一個群體就有數萬頭成員，所以也出了不少人才。

主要出場選手

◎北極燕鷗（3萬2000km）
○牛羚（5000km）
▲斑馬（500km）
△皇帝企鵝（200km）

結果

飛越終點

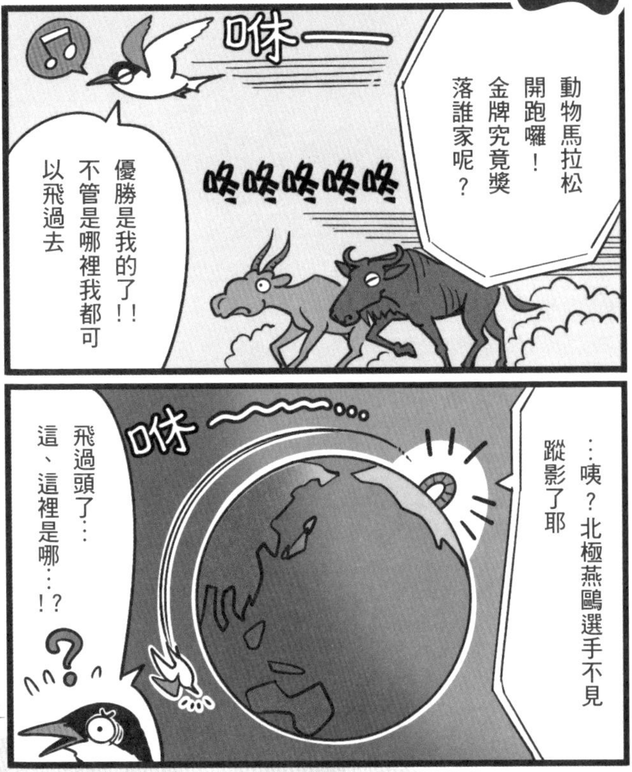

金 牛羚
銀 斑馬
銅 皇帝企鵝

由於北極燕鷗選手是個路痴，所以沒有辦法抵達終點

由腳踏實地努力前進的牛羚選手贏得勝利！

附帶一提人類的紀錄是？ 2018年 埃利烏德·基普喬蓋（肯亞）的2小時1分39秒。

在田徑運動中最長的50km賽道上，比賽走路的速度。
過程中必須經常保持左或右其中一隻腳貼地的狀態。

**焦點
選手**

就算沒有腳時速也有20km
蛇界最快、
最恐怖的毒蛇參戰！

誰膽敢跑在我前頭，我會毫不猶豫地咬下去！

順利走完全程的話「金」也不是問題！

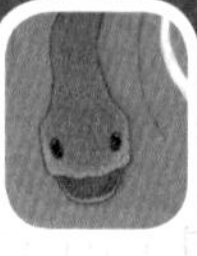

黑曼巴蛇

選手簡介

速　度	■■■■■	執　念	■■■■■
凶暴性	■■■■■	體　力	■■■■■
毒　性	■■■■■		

出身地　坦尚尼亞

飲食生活　都是老鼠和小鳥

性格分析　交不到朋友的類型

競走雖然是用「走」的，實際上卻是用相當快的速度在移動。備受矚目的黑曼巴蛇選手不只相當抗暑，還能**用蛇界最快——將近時速20km的速度爬行**。在蛇類當中是脾氣最火爆、好勝心最強的種類，如果與牠狹路相逢，可是會被對方用驚人的速度糾纏不休地追趕好一段距離。雖然競走的規定是腳跟未觸及地面就會失去比賽資格，但牠打從一開始就**沒有腳**，所以不會因為這點而犯規。

預想

儘管很有潛力
火爆的脾氣卻令人擔憂

黑曼巴蛇選手對於空腹或喉嚨乾渴的耐受性很強，花費數個鐘頭的競走對牠而言根本不算什麼，**就算一個月左右沒有進食，依舊有辦法進行激烈的運動**。比較令人擔心的是，牠擁有據說是蛇界最恐怖的神經毒。由於這種神經毒也會應用於止痛等方面，所以能否通過運動禁藥檢測這點也令人擔憂。另一方面，還有一位少有人知的焦點選手——來自非洲的蘇卡達象龜選手，雖然行走的距離與速度不算突出，但走路的姿態是所有出場選手當中最美麗的。

主要出場選手

◎河馬
○黑曼巴蛇
▲袋熊
△駱駝

結果

本大爺的前方沒有路！

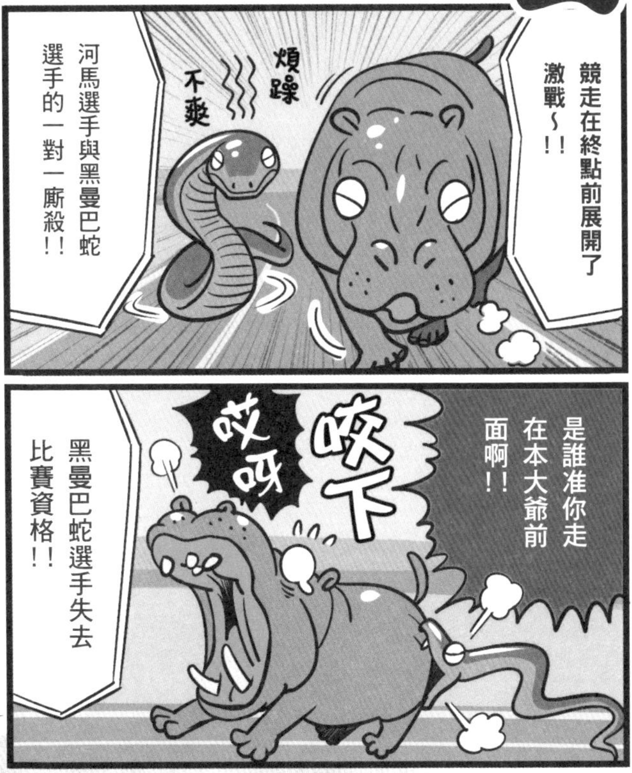
競走在終點前展開了激戰～！！
煩躁
不爽
河馬選手與黑曼巴蛇選手的一對一廝殺！！
是誰准你走在本大爺前面啊！！
咬下
哎呀
黑曼巴蛇選手失去比賽資格！！

金 駱駝
銀 袋熊
銅 蘇卡達象龜

駱駝選手利用背上的脂肪補充體力，順利完賽

河馬選手離優勝只差一步，因為意外的插曲無法繼續前行

附帶一提人類的紀錄是？ 2014年 尤漢·迪尼（法國）的3小時32分33秒。

田徑運動 | 競技項目 **跨欄**
Athletics | Hurdle Race

在110m或400m的賽道上有10座高約1m的欄架，跨越欄架的同時比賽速度的競技。

沒事找事、挑釁天敵的
美麗跨欄運動員！

焦點選手

儘管放馬過來！

發揮實力就能奪金！

跳羚

選手簡介

速　度	■■■■■	毅　力	■■■■■
跳躍力	■■■■■	體　力	■■■■■
幹　勁	■■■■		

出身地 安哥拉

飲食生活 吃素

性格分析 素食主義者（植食性）

對一邊跳越障礙物一邊以高速逃跑的草食性動物——尤其是鹿、羚羊這類的動物而言，跨欄可說是十分擅長、平常就在做的運動，因而吸引了不少希望出場的人前來參與。焦點選手是來自非洲的跳羚，牠會對**天敵使出密技「四腳彈跳」**。這種近2m的垂直跳躍是面對比自己強大的天敵時採取的挑釁行為，能夠輕輕鬆鬆越過欄架。實力自不用說，身為一位積極進取的選手，吸引了不少目光。

30

預想

一旦鬥志太過高昂 容易白白跳得太高

如果跳羚去參加沒有欄架的100m競速，只要花個4秒左右就可以完賽。**就算今天要一邊跑一邊跳，利用卓越的平衡感也幾乎是零死角的狀態**。只不過，一有勁敵在身旁，牠的鬥志就會變得異常高昂，**忍不住想垂直高高跳起的習慣便會發作**。

另一方面，由於這項競技即使撞倒欄架抵達終點也算有效紀錄，所以打從一開始就完全不打算跳躍、想要直接放倒欄架以猛撞前進的野豬選手及犀牛選手，也有大幅更新紀錄的可能性。

主要出場選手

◎跳羚（時速88km）
○野豬（時速50km）
▲犀牛（時速50km）
△鹿（時速50km）

結果

擄獲人心的跨欄動作

金 跳羚
銀 野豬
銅 鹿

見到那耀眼美麗的跳躍，別說是被挑釁，根本就被魅惑了嘛

犀牛選手由於視力太差而偏離賽道，被判失格

附帶一提人類的紀錄是？ 1992年 凱文・揚（美國）的46秒78（400m跨欄）。

4×100m接力

4個人傳遞接力棒並各跑100m，
比賽400m的速度。

擬定縝密的戰術
異次元團隊合作登場！

焦點選手

靠著團隊合作目標奪金！

非洲野犬

選手簡介

速度 ▰▰▰▰▰　情報收集 ▰▰▰▰▰
跳躍力 ▰▰▰▰▰　體力 ▰▰▰▰▰
合作 ▰▰▰▰▰

出身地	南非共和國
飲食生活	都是肉
性格分析	自我感覺良好

由於這項競技有著透過團隊合作提升個人技術的可能性，也因此適合平常群居生活、有嚴格階級制度的社會性動物參加。備受矚目的是非洲野犬選手。**牠們強烈的羈絆所構築而成的合作技術，可謂另一個次元來的**。除了在狩獵之前先勘查地形以確保勝券在握之外，還會考慮成員的身體狀況等因素來改變追捕順序或工作等等。**狩獵成功率有80%，是動物界最高的數值**，還會均分獵物，讓無法參加狩獵的同伴也能分一杯羹。

預想

儘管團隊合作天衣無縫 彆扭姊妹的紛爭卻令人擔憂

以狼為首的各類犬科動物都十分擅長接力競技，相反地，對單獨性強、忠於個人技的貓科動物們來說反而是一大難關。非洲野犬並沒有什麼太大的弱點，不過，**正因為彼此羈絆很強，所以屢屢會看到因互相爭奪工作而吵起架來的光景**。尤其發生最多次的就是從女子奉獻精神衍生而出的「彆扭姊妹吵架」。如果團隊的牽絆不穩固，就有可能對勝敗造成影響，所以教練和隊長的力量大幅左右著比賽結果的發展。話雖如此，在吵架過後馬上就會和好了。

主要出場選手

◎非洲野犬（時速60km）
○狼（時速70km）
▲赤猴（時速55km）
△獅子（時速55km）

結果

不管到哪都分工合作

金 非洲野犬
銀 狼
銅 赤猴

我們非洲野犬軍團
靠著族群優秀的團隊合作
狩獵成功率高達80％呢！！
最後一棒
所以要在接力賽贏得優勝
根本就是易如反掌！！
抵達終點

當然，連後續的優勝採訪
也是軍團的工作！！
記者
多麼精彩的賽跑呀！
行動敏捷
我們非常努力！
隊長
咔嚓
攝影師

傳遞接力棒的默契等等，可謂心有靈犀呀

十分精彩的團隊分工合作

附帶一提人類的紀錄是？ 2012年 內斯塔·卡特、麥可·弗雷特、尤安·布萊克、尤塞恩·博爾特（牙買加）的36秒84。

跳高

這項競技不使用任何道具，僅以助跑輔助跳躍，比賽能夠越過的高度。

焦點選手

就算不助跑也能做出2m高的大跳躍！

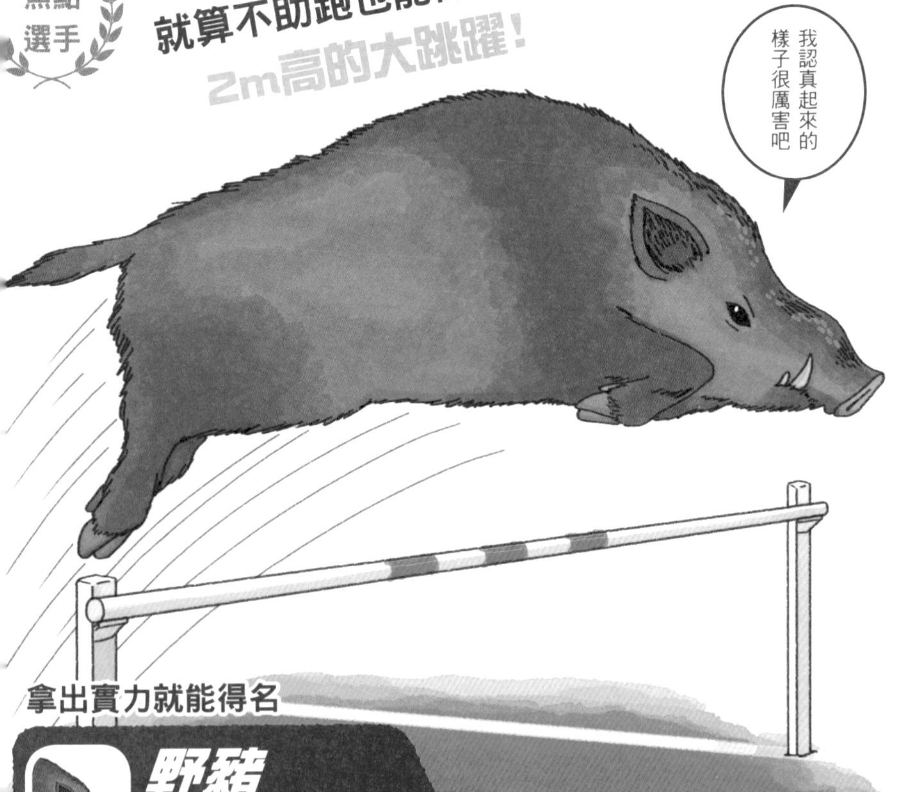
我認真起來的
樣子很厲害吧

拿出實力就能得名

野豬

選手簡介

速度　　毅力
跳躍力　體力
破壞力

出身地 日本
飲食生活 田間的蔬菜小偷
性格分析 胖虎般的性格

跳高注重的是強韌的瞬發力與柔軟度，由於是以1cm為單位在競爭，所以能夠激發出自身潛力的專注力及自信心會是左右勝負的關鍵。將於這項競技出場的**野豬選手智力很高，連狗會的技藝也能在短時間內習得**。牠警戒心強、心思細膩、性急又易怒，是該做的時候就會放膽去做的類型……。**總之就是令人頭疼的類型**，不過牠不會因為競爭對手的成績而有所動搖，是一位意志堅定的運動員。

獨家新聞！競爭對手研究

說到跳高，有許多人會率先聯想到兔子，但實際上，兔子礙於骨骼形態而難以做出向上高高跳起的動作。再者，牠們的內心脆弱，純真到精神很容易瀕臨崩潰邊緣。至於貓科動物，則是在跳高的時候要有立足點才行。再加上牠們還有一個極大的缺陷——貓科都是三分鐘熱度的性格，所以要保持幹勁相當困難。

相關人士的評論

教練

如果因為憤怒而暴走，說不定會創下不得了的世界紀錄呢。

運動營養師

無論多麼緊張，牠在比賽前夕還是吃下了幾乎要吐出來的量。

業界相關人士

牠很討厭突然撐開的雨傘，所以要是開始下雨就糟糕了。

練習場景

跳過電柵欄練習跳高的場景。「偶爾因為誤觸被電過幾次，不過令人意外的是都沒什麼大礙唷！」（野豬選手）

是一個非常棒的跳躍呢～

小野豬們也在一旁聲援唷

預想

不光只有運動神經 心理層面也超級強悍

初見野豬選手時，會覺得其四肢偏短、似乎沒什麼運動能力，但實際上牠不僅腳程飛快、耐力高、還擅長舉重……運動神經根本出類拔萃。甚至連站在球上的特技也會，平衡感與足上功夫的層級極高。**要是認真起來，還可以不助跑就毫不費力地垂直跳高2m**。也因此，動物園在飼育野豬時，會將柵欄高度設置成雙倍的4m左右。

由於渾身都是肌肉又骨骼粗壯，所以不容易骨折、挫傷、受傷，也是其魅力之一。若瞧見體育場內的所有觀眾為人氣鼎盛的競爭對手打拍子、造波浪舞聲援的畫面，**反而會因此燃起鬥志，可見牠的內心何其堅強**。由於牠有用鼻子觸碰任何東西的壞習慣，所以會不會一不小心觸竿這點較令人擔心。

主要出場選手

◎美洲獅（5・4m）
○山羚（3m）
▲野豬（2m）
△跳蚤（1m35cm）

敵人越多，我的鬥志就燃燒得越旺盛

美洲獅

野豬

盡是我愛吃的食物，讓人口水直流……

不管怎樣我都最喜歡跳躍了～

山羚

如果我的尺寸跟人類一樣大的話，連高樓大廈都跳得過去唷

跳蚤

結果

幻想！　感電跳躍

金　美洲獅

銀　野豬

銅　跳蚤

動物川柳

賣弄小聰明　被電得酥酥麻麻　突破了困境

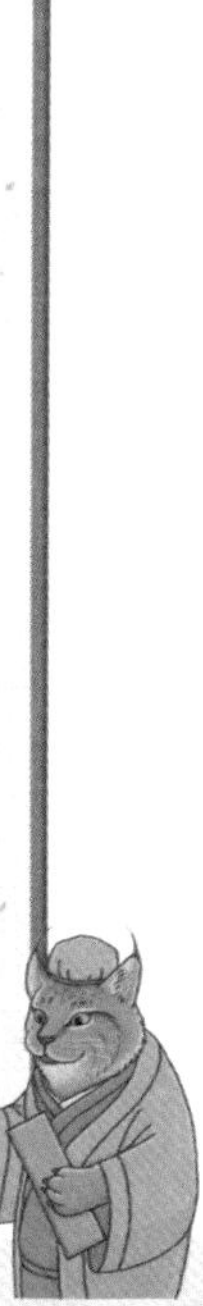

附帶一提人類的紀錄是？　1993年 哈維爾・索托馬約爾（古巴）的2.45m。

跳遠

Athletics | Running Jump

田徑運動當中的跳躍競技，比賽助跑後能夠水平跳出多遠的距離。

用12m遠的特大跳躍一腳踹飛其他競爭對手！

焦點選手

這次我可是有秘密計策唷！
5
6

高名次也很有希望！

袋鼠

選手簡介

速度	■■■■■	毅力	■■■■■
跳躍力	■■■■■	體力	■■■■■
踢力	■■■■■		

出身地	澳洲
飲食生活	素食主義者
性格分析	明明很有實力卻毫無幹勁

田徑運動的人氣項目——**跳遠，需要的是使用腹肌、背肌所產生的瞬發力與柔軟度**，再加上由於這項競技是以1cm為單位在比拚紀錄的，所以起跳區的踩踏動作與著地區的身體擺動方式等技巧至關重要。身為有望奪金者而十分出名的是來自澳洲的袋鼠選手。**大型的紅袋鼠擁有最大體長160cm、體重60kg的壯碩體格，是光一步的跳躍就長達12m**的紀錄保持人。

獨家新聞！最近的推文

05:08 「我要睡了。大家晚安——」
07:30 「好熱喔——」
09:17 「超級累的」
12:45 「快被太陽熱死了啊啊啊」
13:01 「希望大家幫忙推廣：在手上塗點口水很涼快唷」
14:22 「為了分泌母乳得多補充些營養」
16:30 「這種草，神好吃」
17:32 「是澳洲原住民……」
18:43 「澳洲野犬真令人火大」

相關人士的評論

以匿名為條件，K（蛙）與B（蚱蜢）願意接受採訪並發表了各自的看法。

選手K

由於牠沒有辦法倒退著走路，所以無法調整到起跳區的步數，感覺助跑的功夫不太行啊。

選手B

那條尾巴幾乎不能彎曲，導致著地時尾巴不小心先碰地的情況似乎很多。

練習場景

被視為最有望奪的雪豹選手。實力堅強的選手齊聚一堂，萬眾期待能夠見識到一場不同凡響的競技。

雪豹選手擁有相當驚人的跳躍力呢

最近實力大增的跳羚選手也是一位不容小覷的強敵唷！

預想

高速助跑帶來的大跳躍 備受期待

與其他大陸相比，現在的澳洲幾乎不存在大型肉食性動物了，但不知為何，袋鼠選手依舊**演化出了能以高速奔走的能力**。氣勢勇猛的助跑能夠激發出什麼樣的大跳躍，大家都十分期待。此外，在澳洲的乾熱氣候下長大的袋鼠選手一點也不怕在酷暑當中舉辦的比賽，對沙漠等地的步法也頗有心得。

白天時經常耍廢偷懶不做練習，那副模樣就像是昭和時代的中年大叔穿著居家褲看電視播棒球比賽。雖然討厭練習，但牠是在少有天敵、沒什麼緊張感的無憂環境下長大，**所以競技時也能用同樣的潛力發揮實力**，屬於面對正式比賽時表現強悍的類型。

主要出場選手

◎雪豹（15m）
○跳羚（15m）
▲袋鼠（12m）
△維氏冕狐猴（12m）

讓你們見識一下史上最棒的大跳躍！
袋鼠

雪豹

靠著雪上狩獵鍛鍊的跳躍，目標是奪金！

我可以藉著橫跳做出大跳躍唷
維氏冕狐猴

遇到危機的時候，就會變得很想跳來跳去
跳羚

金 雪豹
銀 跳羚
銅 維氏冕狐猴

結果

親子之愛的大跳躍

動物川柳

差一步之遙 跳不到奪牌紀錄 親子之愛呀

附帶一提人類的紀錄是？ 1991年 邁克·鮑威爾（美國）的8.95m。為了吸收衝擊力，著地區是沙區。在紀錄上就連風速也會一併考慮進去，是以1cm為單位競爭的嚴格競技。

田徑運動 | 競技項目

三級跳遠

Athletics | Triple Jump

比賽三段式跳躍的距離。源自於古愛爾蘭的一種遊戲，看誰能用最少的步數橫渡水窪。

焦點選手

在沙漠中鍛鍊出的驚人 Hop、Step、Jump！

槓上牛蛙，一對一決勝負！？

沙漠跳鼠

選手簡介

速度 ■■■■■　毅力 ■■■■■
跳躍力 ■■■■■　體力 ■■■■■
平衡感 ■■■■■

出身地 巴基斯坦的沙漠
飲食生活 都是種子
性格分析 容易幹勁十足的類型

三級跳遠是野生動物們在日常生活中經常使用的運動能力，講求的是瞬間判斷出絕佳立足點後以高速行進的能力。備受矚目的是沙漠跳鼠選手。雖然經常被狐狸及蛇等天敵盯上，但是**在沒有藏身之處、地形不穩定的沙漠裡，牠可以用Hop、Step、Jump（三級跳遠）逃出生天**。在10cm左右的渾圓小身體上，有著彈簧般的長腳及尾巴，**能夠以時速40km奔跑、跳躍長達3m的距離**。

預想

跳躍力自不在話下
連著地功夫也十分了得

沙漠跳鼠選手在沙漠裡生活所以特別抗暑，在競技上擁有絕對優勢。此外，腳底長出的毛讓牠有如**穿了一雙特別的「釘」鞋**，具有防滑效果。那條比體長還要長的尾巴有助於保持平衡，所以**在半空中控制姿勢的能力也相當卓越**。在臉部下方也長有鬍鬚，能夠經常確認地面的狀態。

在競爭對手當中，最引人注目的就是牛蛙選手了。除此之外，雖然飛蝗選手與跳蚤選手也頗有實力，但是牠們的著地功夫不太行，所以即便創下過人紀錄仍被判失格的窘況很多。

主要出場選手

◎沙漠跳鼠（3ｍ）
○牛蛙（2ｍ）
▲飛蝗（1ｍ）
△跳蚤（30㎝）

結果

奔向夢想的跳躍

金 沙漠跳鼠
銀 飛蝗
銅 牛蛙

沙漠跳鼠選手帶來了精彩的跳躍

飛蝗選手太可惜了。雖然做出了大跳躍，但著地失敗了

附帶一提人類的紀錄是？ 1995年 喬納森・愛德華茲（英國）的18.29m。

田徑運動 | 競技項目 **鉛球**

Athletics | Shot Put

在扇形的投擲圈內，將重約7kg的鉛球推向遠方的競技。源自於拿重物擲遠的「力氣比賽」。

焦點選手

這個投擲姿勢充滿了野性魅力吧～！

以低肩投法的投擲動作展現自己的強大！

拿出實力的話會成為金牌得主！？

黑猩猩

選手簡介

遠投力 　毅　力

力　量 　體　力

平衡感

出身地 塞內加爾

飲食生活 素食主義者，偶爾吃肉

性格分析 麻煩的A型

有些動物習慣以丟東西的行為來展現力量及男子氣概，而這項競技正好適合牠們。備受矚目的是黑猩猩選手。一旦有天敵或競爭對手出現在眼前，或是心情不好的時候，**身居高位的黑猩猩就會立刻拿起石頭等物亂丟一通來威嚇對方**。在沒有東西可丟的動物園裡，則會丟自己的糞便來展現強大的一面。丟完之後還會發出「嗚嘎——」的吼叫聲、一臉臭屁的模樣，充滿了運動員的風格。

預想

並非空有威力而已 控球能力也十分出眾

在鉛球運動中，針對投擲方法有所規定，要是鉛球落到肩膀後方就會失去比賽資格，但是黑猩猩選手**既沒有做出高高舉起的動作、也沒有助跑，突然就以低肩投法擲出石頭或糞便**。時速有80 km以上，可產生長達20 m以上的飛行距離，再加上高命中精準度，似乎連壘球界的星探都被吸引而來想要挖角……。儘管糞金龜選手也很擅長擲鉛球，但飛行距離實在是差強人意。至於會吞石頭到胃袋以便磨碎食物的鴕鳥選手，因為與石有緣而被提名參賽了。

主要出場選手

◎黑猩猩
○大猩猩
▲糞金龜
△鴕鳥

結果

可憐的星探

金 黑猩猩
銀 大猩猩
銅 糞金龜

黑猩猩選手的第一投!!
砰
太厲害啦！創下超越大象選手與熊選手的紀錄，金牌得主誕生!!
我的天!!
請你務必加入我們的壘球隊……
看到討厭的傢伙會拿石頭丟他
砰鏘
啊，請不要隨便接近比賽區，很危險的

黑猩猩選手突破20m，創下大會新紀錄

鴕鳥選手不小心將鉛球吞下肚，失去比賽資格

附帶一提人類的紀錄是？ 1990年 蘭迪・巴恩斯（美國）的23.12m。

鏈球

在鋼絲前端繫有一顆重約7kg的圓球，需手持該器具旋轉並擲向遠方。原先是丟擲真正的鎚子。

像鞭子一樣揮甩脖子
利用脖鬥技術
目標是締造超遠飛行距離

總覺得頭好像開始暈了～！
焦點選手

大會新紀錄不是夢！

長頸鹿

選手簡介

遠投力	■■■■■	毅　力	■■■■■
力　量	■■■■■	體　力	■■■■■
平衡感	■■■■■		

- **出身地** 烏干達
- **飲食生活** 素食主義者
- **性格分析** 對別人沒什麼太大興趣

這是一項擅於駕馭旋轉及離心力的動物會感到得心應手的競技。備受矚目的是長頸鹿選手。**公長頸鹿之間在打架的時候，會透過「脖鬥（necking）」的儀式互相較勁**。就像是比腕力般用脖子互相壓制對方來決勝負，但要是難分高下的話，便會揮舞著長頸用頭部甩打對方。**就跟鏈球選手的脖子比頭還要粗壯一樣，長頸鹿的頸部肌肉也同樣強壯無比**。角也是為了擊中對方所以朝向後側生長。

預想

以脖子重擊的招式脖鬥
總是用盡全力在揮舞

長頸鹿的脖鬥並不是武器，而是一種雄性之間的規矩、儀式般的爭鬥，也就是運動。身為一位永不妥協的運動員，看似溫柔的長頸鹿選手也會認真進行脖鬥。

那樣的長頸鹿選手，其脖子**具有將50kg重的物體拋出30m外的力量**。除此之外，牠還具有特殊的血管，就算猛力揮甩頭部，腦中的血管也不會因此破裂。

附帶一提，當面臨獅子等天敵的攻擊，牠不會使用脖子來抵禦，而是會使出足以粉碎頭骨的強力足踢。

主要出場選手

◎長頸鹿
○大象
▲長頸羚
△長頸象鼻蟲

結果

氣勢過猛摔了個大跤！

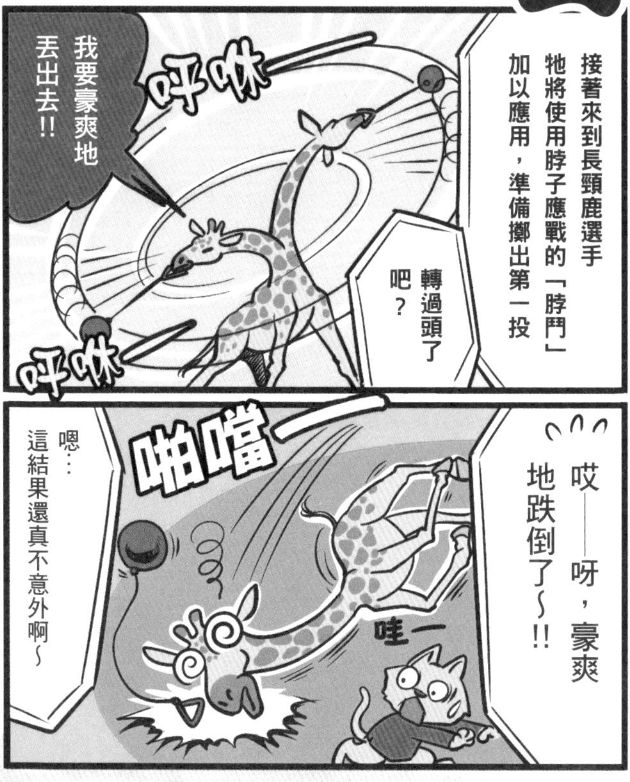
接著來到長頸鹿選手
牠將使用脖子應戰的「脖鬥」加以應用，準備擲出第一投
轉過頭了吧？
呼咻
我要豪爽地丟出去!!
呼咻
哎——呀，豪爽地跌倒了～!!
啪噹—
哇—
嗯…這結果還真不意外啊～

金 大象
銀 長頸羚
銅 長頸象鼻蟲

金牌得主是用鼻子擲鏈球的大象選手

因為擁有連人類小孩都能一把舉起的怪力嘛

附帶一提人類的紀錄是？ 1986年 尤里・謝迪赫（蘇聯）的86.74m。

田徑運動 | 競技項目 **標槍**

Athletics | Javelin Throw

這項競技要比的是助跑後將標槍擲向遠方的能力。

外表是美麗的螺貝
實際上是位擲標槍高手

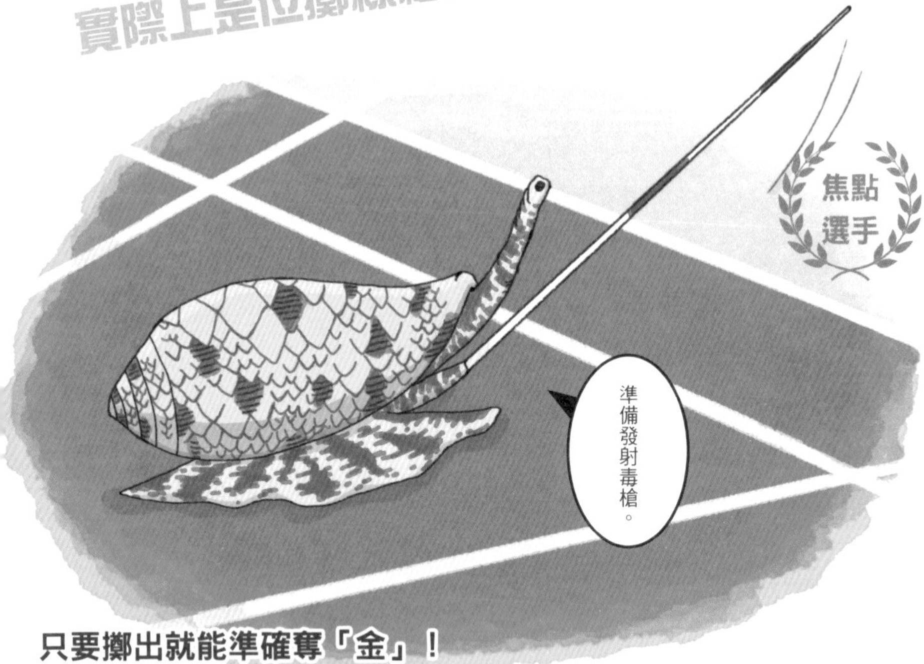

只要擲出就能準確奪「金」！

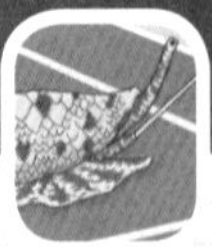

芋螺

選手簡介

遠投力　毅　力

毒　性　體　力

平衡感

出身地 印尼

飲食生活 都是小魚

性格分析 面無表情冷血無情

身懷槍形突刺武器的動物意外地多。像是豪豬、刺蝟，還有帶毒針的蜂及毛毛蟲這類身形嬌小卻具有槍般的構造作為護身武器的動物。話雖如此，在這當中卻有很多動物不會使出擲槍的絕技。其中，**在淺海也有很多種類的芋螺選手，其實是位標槍高手**。牠會使用從齒舌特化而成、外形似槍的構造，精準地貫穿獵物捕捉到手。

預想

由於槍中含有猛烈的神經毒 比賽過程中也請裁判多加注意

芋螺選手的槍中含有毒性猛烈的神經毒，**即便是人類，要是被刺到的話也會致死**。所以說，在比賽過程中裁判得多加留心，不要被那飛出去的槍給射中了才好。再來就是芋螺選手令人擔憂的部分——標槍的飛行距離。就算牠使盡全力投擲，也只能飛數公分……。

競爭對手是蝸牛選手。繁殖時會拿出名為戀矢的槍猛力突刺來刺激對方。只不過，由於沒有飛行距離，所以預估牠在競技方面難以帶來亮眼的表現。

主要出場選手

◎芋螺
○蝸牛
▲僧帽水母
△豪豬

結果

提防毒槍！

金 從缺
銀 從缺
銅 從缺

備受矚目的芋螺選手會締造新紀錄嗎？
專心、專心……
啊
發現獵物!!
噗嘶
呀啊
失去資格!!

被認為一定會拿金牌的芋螺選手，竟意外失格了

其他選手也都未擲出標槍，所以沒有紀錄

附帶一提人類的紀錄是？ 1996年 揚．澤萊茲尼（捷克）的98.48m。

撐竿跳高

Athletics | Pole Vault

> 巧妙地運用棍棒（竿）的彈韌跳過高高的橫竿，
> 比賽其高度的競技。

對棍棒的堅持 來自於 一心想成為萬人迷

焦點選手

> 只要手持棍棒，就會看起來很強吧……

對棍棒的愛是金牌等級！

大猩猩

選手簡介

棒　術 ▪▪▪▪▪	平衡感 ▪▪▪▪▪
力　量 ▪▪▪▪▪	體　力 ▪▪▪▪▪
跳躍力 ▪▪▪▪	

出身地 剛果共和國

飲食生活 素食主義者

性格分析 彆扭的B型

大猩猩選手從小就很喜歡棒狀物，經常拖拉著樹枝等物玩耍。而公大猩猩到了某個年齡，為了吸引雌性的注意，會去折取一枝自己中意的帶葉樹枝拿在手上走來走去。**審慎確認過硬度、順不順手這些條件後，就會在母猩猩面前，刻意拖拉樹枝發出聲響或是像揮撣子那樣啪啪啪地敲打，試圖吸引對方的注意。**如果進行得很順利，有時候還會叼在嘴裡擺出一副「跩臉」。

預想

雖然對高度很執著 心理層面卻令人有些擔心

大猩猩選手不只對棍棒情有獨鍾，**在高度上也做了許多不為人知的努力**。由於高壯的雄性比較容易受歡迎，所以牠會硬是把頭頂弄成又尖又高的樣子。不光如此，還會在頭頂囤積脂肪，只為了讓身高看起來有多個1㎝也好。這種追求勝利不惜努力到底的精神，值得讚賞。

大猩猩選手令人擔憂的地方在於自我意識過剩的心理狀態。因為心思細膩，所以被他人注視時會因為緊張而難以發揮實力，面臨失敗也會持續受到影響，有著一顆天真純樸的心。

主要出場選手

◎大猩猩
○黑猩猩
▲竹節蟲
△河狸

結果

男子氣概就靠棍棒來展現！

金 從缺
銀 從缺
銅 從缺

接著輪到大猩猩選手究竟牠會帶來什麼樣的跳躍呢…值得關注!!
耍棍的功夫是靠經驗累積的
啊
怦然心動——
我…有在練撐竿跳高唷…
嘿嘿
我知道
慢著!! 趕快跳啊!!

大猩猩選手被美女奪去了心神，幹勁全失

要使用竿子跳躍還真困難呀

附帶一提人類的紀錄是？ 1994年 謝爾蓋．布卡（烏克蘭）的6.14m。

田徑運動 | 競技項目

鐵人三項

Athletics | Triathlon

從游泳1.5km、腳踏車40km、馬拉松10km合計51.5km的賽程到挑戰200km的都有，有各式各樣的競技距離。

焦點
選手
只要把馬拉松跑完，我就成功了！

靈長類最強的泳者要來挑戰含三種項目的複合式競技！

拿出所有實力的話金牌也能到手！

長鼻猴

選手簡介

泳　技　　毅　力

腳　力　　體　力

跑步力

出身地　馬來西亞

飲食生活　都是葉子

性格分析　在意他人眼光的類型

若碰上由「游泳」、「腳踏車」、「馬拉松」這三種項目組合而成的運動，首先必須具備的是騎「腳踏車」的力量。既然如此，在馬戲團及猴戲闖出亮眼成績的靈長類就是選手選拔的首要對象。話雖如此，大多數靈長類（包含人類）基本上都不擅長游泳。其中，**有一位罕見地擅長游泳的選手——牠就是長鼻猴。**長鼻猴是一種指縫間有蹼，會從紅樹林跳進河川中享受游泳樂趣的罕見猴類。

預想

令人擔心的就是在跑步途中的「反芻」

長鼻猴在猴科當中手腳相對較長，也很適合腳踏車競技。令人擔心的部分在於平常的飲食生活。牠以葉子為主食，而且是**靈長類當中唯一和牛一樣會「反芻」的動物，吃進胃裡的草會再次回到口腔中咀嚼**。在激烈的競技過程中，搞不好會有東西從胃裡湧上來。此外，由於專吃葉子，所以腸道異常地長，那**凸出的腹部也有可能在比賽過程中造成不便**。其招牌特色大鼻子也是一個不好呼吸的構造，所以鼻腔擴張貼片（通氣鼻貼）是必要的。

主要出場選手

◎長鼻猴
○食蟻獸
▲樹懶
△食蟹獼猴

結果

請不要邊跑邊吃

金 長鼻猴
銀 食蟻獸
銅 樹懶

長鼻猴選手通過了游泳、腳踏車的考驗，接下來只剩馬拉松了!!
呼
哈
到了這關開始有點累了…
嗚嘔!!
喂喂 你沒事吧!?
嚼嚼嚼
反芻嗎你!!

雖然長鼻猴選手有好幾次看起來快吐了，依舊漂亮地抵達終點

牠在游泳項目大幅領先呢

附帶一提人類的紀錄是？ 鐵人三項比的是抵達順序，所以沒有世界紀錄，不過51.5km的賽程是花了1小時45分鐘左右完賽。

動物們的紀錄是如何測量的呢？

舉凡時速、肌力、握力等等，為了測量動物們的紀錄花了不少功夫！

要測量動物們的紀錄其實非常困難

要測量野生動物在奔跑、跳躍、游泳時的速度以及力量是十分困難的一件事。就算人類捉到後按照「預備～開始！」的模式放出動物，牠們也未必會配合人類用容易測量的方式去行動。有時候瞬間跑得飛快卻在中途停下了腳步，有時候突然來一個大迴轉，做出一些意想不到的動作。其中最困難的就是，這速度拿出了多少本事在跑、用上了幾分力氣？本身就是難解的謎。

鬃狼

引入最新機器測量動物的紀錄

話雖如此，人類為了測量動物的紀錄，出動了各式各樣的機器。以鳥類為例，將研究對象捕獲之後裝上腳環野放，再藉著陷阱捉回或回收屍體，就能計算出牠們的移動距離。近年來，已經可以利用裝設ＧＰＳ等裝置，來紀錄更詳盡的路徑及移動速度等資訊。有時候使用棒球的測速槍，就可以測量陸上動物奔跑的速度或鳥類飛行的速度。還有讓動物去啃咬、握住專門測量壓力的棒子，來測出咬合力、握力。雖說不一定是在固定條件下進行，但像這樣使用機器所做的測量是相當珍貴的數據。

從野生動物們的影像計算出牠們的能力

關於動物的運動能力，可作為參考依據的還有電影。藉由自然紀錄片（nature documentary）紀錄下來的影像，可以從中計算出動物們的能力。

奔跑速度可以從距離推算出來，靠著長期紀錄用的特殊攝影機所拍下的畫面等等，則可以揭開戰鬥方式的特徵及未知生態的神秘面紗。在投入攝影的工作人員中也集結了許多動物專家。

要好好地算出我飛越K點的紀錄唷
鼯猴

不光是自然紀錄片，就連早期娛樂電影中出現的野生動物，也是一種蘊藏著諸多訊息的珍貴資訊來源。舉其中一個例子來說，像是由知名演員約翰·韋恩主演的西部片《哈泰利》（1962年），就能充分了解到野生動物的生態及其能力。

該電影作品是在連實際製作現場都有動物專家親臨的情況下完成的。

雖然在興建動物園等時候有善加利用這些資訊……

至於這些動物資料會在什麼地方派上用場，那就是要蓋動物園或水族館等時候了。動物們在實際情況下會用多大的力氣撞擊？會用多大的力量去啃咬？可以跳多高多遠？……這些資料都要盡可能地收集越多越好。

除了實際測試以外，至今以來發生過的事故資料、研究人員的奇聞軼事等等，也得在分析、計算時一併考慮進去，才能開發出在強度及設計方面最適當的柵欄或水缸。就算做出的成品已經具備計算上的2倍強度或高度，還是被弄壞、越過去的情形仍經常發生。要預測動物的能力真的很困難。

花豹

獵人們親眼目睹令人吃驚的動物能力

見證過許許多多動物們驚人能力的人，就屬獵人了。就算擁有獵槍、麻醉槍、繩套陷阱或箱式陷阱，也不代表野生動物注定成為自己的囊中之物。成天追著野生動物跑，深刻地了解到那些動物與山林的能耐後，才首次嚐到狩獵成功的滋味。

他們親身體驗到的事物與動物園、研究人員的資料完全不同，在討論動物穿梭而過的速度、在懸崖峭壁上的跳躍力等經驗談當中，充滿了令人驚訝的趣聞軼事。平日我們可以見到的動物們是身處在「客場」，若是今天來到牠們的「主場」，能夠發揮出的真正實力將會超乎人們想像。

也就是說，現今已被紀錄的動物們的數值，並不能算是動物們的最高數值，遠遠超出這些數值的情況多到不可勝數。當動物們發揮至今尚未展露的真正實力之時，想必會創造令人難以置信的紀錄吧。

只要確立測量這些能力的技術，或許就可以跟人類的運動競技一樣，迎來不斷刷新紀錄的日子。

我要跳得更高、跳得更遠
跳羚

其實如果我認真起來，可以更厲害唷
美洲獅

人類所製作的自然紀錄片等影像，是花了好幾個月用強大的執念拍攝而成的對吧
從我們動物的立場來看，就像是要揭露私生活的狗仔隊般的存在。真希望跟監也要保持適當距離啊

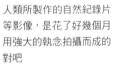

第2章

水上運動

Aquatics

游泳、跳水、藝術游泳、水球……在水中進行的各大項目火熱開戰。水上運動的霸主會是誰呢？

游泳 自由式

Aquatics | Swimming Free Style

不限任何游泳方式，只求游得越快越好的競技。為爭取1／100秒的差距，新式游泳方式及泳裝陸續被開發出來。

看我用必殺技跳水，把所有人震飛出去！

長鼻子化作潛水呼吸管
不用換氣就能游完全程！

適合游泳的高超身體能力！

焦點選手

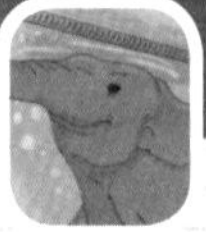

大象

選手簡介

游 泳	■■■■■	毅 力	■■■■■
呼 吸	■■■■■	體 力	■■■■■
健壯度	■■■■■		

出身地 泰國

飲食生活 素食主義者

性格分析 神經質、嚴以律己

不需要練習，出生後初次下水就能游泳的動物意外地多，大象選手也是其中之一。**大象選手最喜歡玩水了，泳技也十分高超，是以狗爬式般的模樣游泳。**有5t以上的體重其比重也比水還要小，再加上飽含空氣的25萬cc超大肺容量，讓牠完全不會沉下去。呼吸次數也只有人類的一半——1分鐘內呼吸6次足矣，有利於游泳比賽。**游泳時會像潛水呼吸管般把鼻子探出水面，所以也不需要把臉抬到水面上換氣。**

58

預想

將跳水時掀起的水波化為武器 並巧妙地運用那條長鼻子

大象選手在比賽開始時**那體重5t的跳水動作會掀起核彈級的波動**，能夠公然妨礙泳道上所有選手的起始狀態。再者，連1／100秒都要盡力爭取的游泳比賽，有很多時候會因為觸及池壁的時間差決定勝負。而牠在終點前2m就可以用鼻子碰壁的優勢非常強大。

令人擔心的部分是牠平常沒有用跳水入池的習慣，也因此需要多加練習。再來就是**大象對於尖銳的聲音極度敏感**，所以起始的訊號音響起時，有可能會使牠陷入一陣恐慌。

主要出場選手

◎大象
○儒艮
▲海牛
△介形蟲

結果

空中有刺客來襲!?

金 大象
銀 儒艮
銅 海牛

真是驚人，沒想到大象選手使用潛水游泳法竟然領先!?
嗚咕咕咕咕咕咕
太好了，終點我來啦!!

面對鳥的妨礙也不屈不撓，大象選手想盡辦法抵達終點奪冠了

呼吸次數少的策略奏效了呢

附帶一提人類的紀錄是？ 2009年 塞薩爾·西埃洛（巴西）的20秒91（自由式50m）。奧運有50m、100m、200m、400m、800m、1500m六種競技。

水上運動｜競技項目

游泳 仰式

Aquatics｜Swimming Backstroke

一種以仰躺泳姿比賽的傳統項目，結合了革新的想法不斷進化當中。

身穿超高科技專屬泳衣 仰泳能力出類拔萃！

這副毛皮（泳衣）花了我5個小時才得到的

奪「金」全無死角!?

焦點選手

海獺

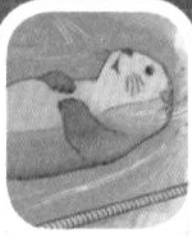

選手簡介

游泳 ■■■■■ 耐寒 ■■■■■
幹勁 ■■■■■ 體力 ■■■■■
靈活度 ■■■■■

出身地 加拿大

飲食生活 大海的恩惠（扇貝）

性格分析 開朗的貪吃鬼

雖然擅長游泳的動物很多，但說到能夠仰泳的本領，海中哺乳類就是選手選拔的主要對象了。其中最有希望的就是海獺選手。**首先是那套高科技專屬泳衣，為哺乳類當中毛髮最濃密、每平方公分約有10萬根毛叢生，還附有保溫效果與防水性能**。一天要花上5小時才能得到這副毛皮。海獺是鼬科當中最大的種類，體長130cm的修長身軀也十分有利。肺活量大，潛入水中時可以閉上鼻子與耳朵，舒適地暢游水中。

預想

**海獺選手或成最大贏家
魷魚選手有機會大爆冷門！**

海獺選手**使用帶蹼的後腳，游起泳來可達時速8 km**（人類是時速6㎞）。比較令人擔心的是比賽開始的時候。由於前腳的趾頭已經退化，要做出用手緊抓著池壁的準備動作相當不容易。此外，為了避免被水流沖走，海獺習慣在腹部上綁著海草入睡，**令人有些擔心牠會不會因此無意識地拿起水道繩繞在身上。**

競爭對手是擅長瓦薩洛潛泳法（Vassallo）的太平洋魷選手。為了逃離自己的天敵海獺選手，有大幅更新紀錄的可能性。

主要出場選手

◎海獺
○海象
▲仰蝽
△太平洋魷

結果

令人意外的悠哉發展！

金 太平洋魷
銀 海獺
銅 海象

在悠悠哉哉的比賽過程中，由太平洋魷選手意外拿下金牌

牠拚命地游，
速度大幅領先
其他選手呢！

附帶一提人類的紀錄是？ 2016年 瑞安．墨菲（美國）的51秒85（仰式100m）。奧運有100m、200m兩種競技。

水上運動 | 競技項目

游泳 蛙式

Aquatics | Swimming Breaststroke

左右對稱擺動雙手雙腳游泳，以蛙泳進行的競技。別稱又叫胸泳或俯泳。

焦點選手
雨蛙以站上蛙界6500種的頂點為目標！
實在太爽了！

「金牌」是我的囊中之物！

雨蛙

選手簡介

游泳 / 毅力 / 跳躍力 / 體力 / 健壯度

出身地　日本

飲食生活　小蟲

性格分析　和藹可親的類型

能夠以蛙式游泳的動物，除了人類和青蛙以外幾乎就沒了。也因此這是一座蛙類的專屬舞台，不過，**世界上約有6500種蛙類，讓選拔委員會相當頭疼**。一生都在水中過活、能以高速游泳的非洲爪蟾選手最初被視為最有希望的選手，卻礙於**蛙式在開始及折返時必須將部分頭部露出水面才不會失去資格**的條件，無法出賽。如今雨蛙選手被視為最有希望奪金者而受到關注。

預想

雖然擅長游泳 但比起水中更喜歡陸地

做好開始的準備姿勢後，在出發的訊號音響起之前都必須靜止等待。稍微有點動作都會失去比賽資格，不過**雨蛙選手具有吸盤，不管擺出什麼樣的姿勢都可以保持靜止不動，這是牠的強大之處**。此時，牠還可以將體色變化成近似周遭的顏色，藉此隱匿身形。

令人擔心的地方在於，雨蛙其實是在樹上生活的（樹棲性）。儘管擅長游泳，在個性上卻是想立刻從水裡爬上岸。經常因為靠在水道繩上而被警告。

主要出場選手

◎雨蛙
○赤蛙
▲河鹿蛙
△箭毒蛙

結果

獨占頒獎台!?

金 雨蛙
銀 赤蛙
銅 河鹿蛙

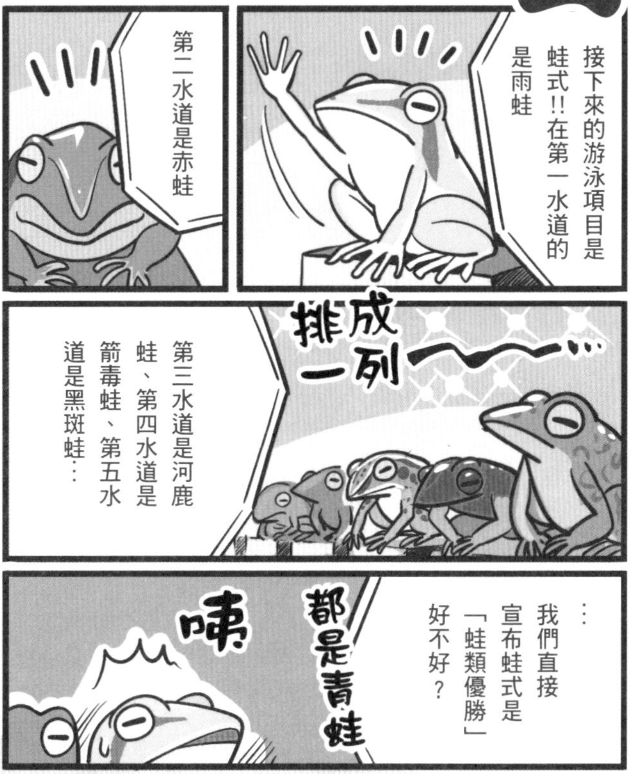

接下來的游泳項目是蛙式!!在第一水道的是雨蛙
第二水道是赤蛙
第三水道是河鹿蛙、第四水道是箭毒蛙、第五水道是黑斑蛙…
排成一列～～…
…我們直接宣布蛙式是「蛙類優勝」好不好？
都是青蛙
噴

青蛙軍團獨占了頒獎台呢！

蛙式競技本身已經變成了蛙類的專屬舞台

附帶一提人類的紀錄是？ 2017年 亞當・佩帝（英國）的25秒95（蛙式50m）。奧運有100m、200m兩種競技。

水上運動｜競技項目

游泳 蝶式

Aquatics｜Swimming Butterfly

以同時前後擺動雙手、上下擺動雙腳的游泳方式比賽。
是從蛙式演變而來的特殊游泳方式，之後設為獨立項目。

焦點選手

用相當於時速43km的蝶式超高速游完全程

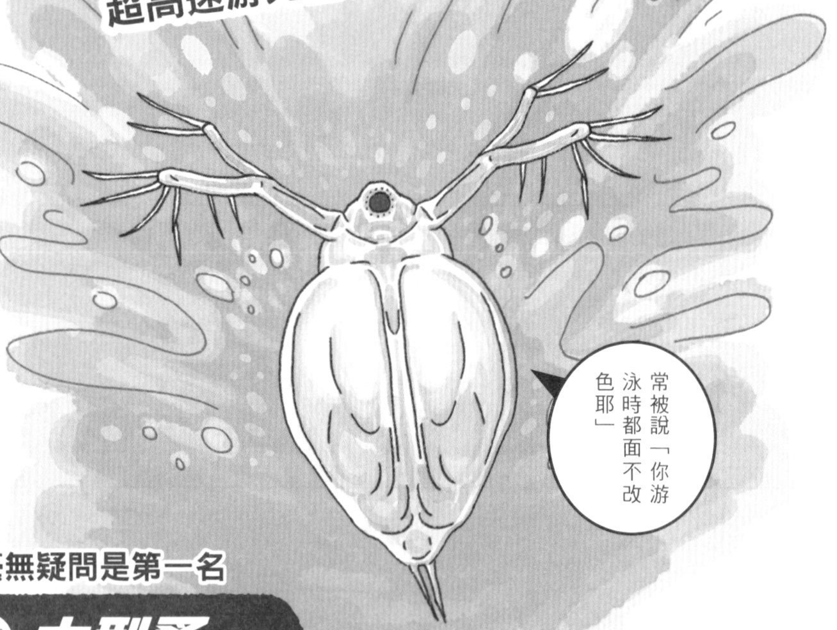

實力毫無疑問是第一名

大型蚤

選手簡介

游泳　毅力
呼吸　體力
健壯度

出身地　美國

飲食生活　小型浮游生物

性格分析　開朗好動的類型

蝶式在人類世界的習泳課程中也是最後才學的游泳項目，**需要的是講求節奏感的運動神經以及體力**，也因此是一種缺乏練習就難以成功的游泳方式。過去認為，就算縱觀整個動物界也找不到一位會使用蝶式的選手，但其實有位頗具實力的人選。**而且，就在世界各地隨處可見的小水窪裡頭……**。那就是水蚤選手。牠可以同時左右划動雙手，強而有力又美麗地游泳！

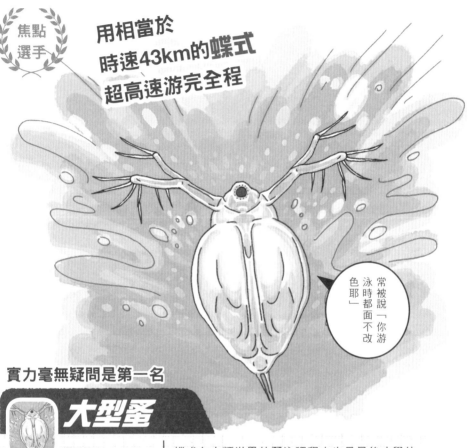

預想 連小魚們也大吃一驚的超高速蝶式

水蚤選手高速游泳（power swim）的模樣早已傳遍了小魚們的圈子，大家都在背後竊竊私語：「真的很不得了！」人類用蝶式做出一個划水動作的速度大概是時速6.5km左右，但是**水蚤選手用手划水的時速可是高達了43km**。換算成人類體型來看的話，就是1秒前進12m。也就是說，只要2秒就能前進到賽道的一半距離。

附帶一提，使用蝶式的是大型蚤、狗爬式是劍水蚤、自由式是介形蟲選手，在水蚤界有不少強才。

主要出場選手

◎大型蚤
○齒蝶魚
▲飛魚
△大鵰鴞

結果 奇怪，人去哪啦？

金 齒蝶魚
銀 飛魚
銅 大型蚤

蝶式比賽中意想不到的伏兵——水蚤選手登場啦!!
啪嗞嗞嗞
如果換算成人類體型就是1秒前進12m，多麼驚人的速度啊!!
啪嗞～
但因為太小隻了實在看不清楚，只能先給牠銅牌
牠在這裡面嗎？
？
我還在這裡啦!!
1
2
3

由於大型蚤選手小到看不見，所以順序錯亂了呢

看來最後是由齒蝶魚選手拿下金牌的樣子

附帶一提人類的紀錄是？ 2009年 麥可・菲爾普斯（美國）的49秒82（蝶式100m）。奧運有100m、200m兩種競技。

水上運動 | 競技項目

10m跳水

Aquatics | 10m Platform Diving

從距離水面10m高的跳台躍入泳池，以旋轉、翻騰等姿勢比賽表演分數。

焦點選手

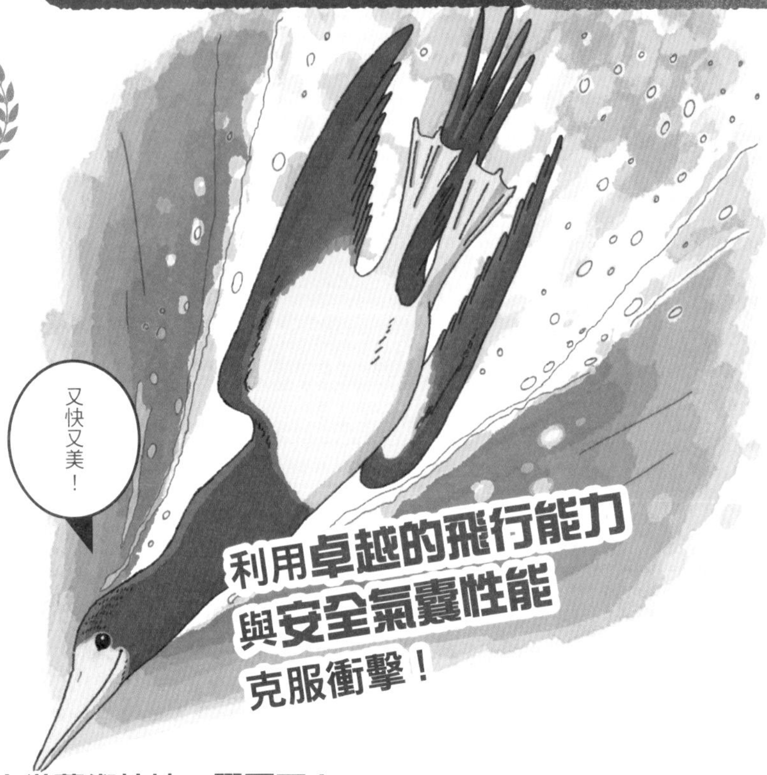

又快又美！
利用卓越的飛行能力
與安全氣囊性能
克服衝擊！

高速、充滿藝術性地一躍而下！

白腹鰹鳥

選手簡介

跳水 ▰▰▰▰▰ 毅力 ▰▰▰▰▰
飛行 ▰▰▰▰▰ 體力 ▰▰▰▰▰
健壯度 ▰▰▰▰▰

出身地 加拿大

飲食生活 沙丁魚之類的

性格分析 過度自信的類型

在這項競技中，集眾人焦點於一身的選手就是白腹鰹鳥。**在空中數十公尺處發現魚群的蹤影時，牠會像飛彈一樣急速俯衝，躍入海中**。最高時速達到110km，若換成一般的生物早就因為激撞海面的衝擊瞬間死亡，但是牠可以**像精密儀器般調控入水角度成直角，還擁有名為氣囊的特製安全標準配備**，所以能夠減緩衝擊。而且那紡錘形的姿勢不會激起一點水花，充滿了藝術性。

預想

家庭紛爭較令人擔心 沒有會構成威脅的競爭對手

白腹鰹鳥唯一令人擔心的部分在於，**第一隻孵出的幼雛一定會殺死其他較年幼的手足**，所以雙親只能夠養育一隻雛鳥。有這樣難解的家庭紛爭，再加上後繼無人的問題等等，都教人十分擔心。

其他會從高處跳入水中的動物還有樹懶選手。當遇上大鵰等天敵襲來的險境，樹懶就會以當下的姿勢直接落入水中。只不過，落下的姿勢有點古怪、沒什麼藝術性，每次落水都會濺起巨大的水花，所以如果要以高分為目標恐怕相當困難。

主要出場選手

◎白腹鰹鳥
○阿德利企鵝
▲頰帶企鵝
△樹懶

結果

美到幾乎沒人注意

啪嚇！
咻啵
樹懶選手帶來了豪爽的跳水～!!
啪嚇嚇！
咻啵
跳水動作太過優美結果沒有人注意到牠的白腹鰹鳥選手
旅鼠選手!! 成群跳水是會被判失格的唷!?

金 白腹鰹鳥
銀 阿德利企鵝
銅 樹懶

幾乎沒人注意到的安靜入水。藝術性相當高，漂亮地贏得了金牌！

樹懶選手也很努力呢

再多了解一點這項競技吧！ 奧運有3m跳板跳水、10m跳水、3m雙人跳板跳水、10m雙人跳水四項競技。

水上運動 | 競技項目

藝術游泳（水上芭蕾）

Aquatics | Artistic Swimming

配合音樂立泳（踩水），比賽協調性及藝術性的競技。

能否展現極具藝術性的絕妙協調感！？

狩獵過後，必須藉著冷颼颼的空氣冷卻身體才行！

能否攻下不敗王者海豚的堅固堡壘呢！？

焦點選手

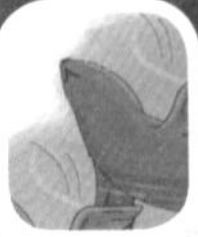

海獅

選手簡介

協調性	■■■■■	毅　力	■■■■■
藝術性	■■■■■	體　力	■■■■■
泳　技	■■■■■		

出身地 美國（加利福尼亞）

飲食生活 大海的恩惠（烏賊之類的）

性格分析 有幽默感的類型

這項競技不光要具備立泳的技術，動作整齊劃一更是重要。備受矚目的是海獅選手團，牠們成群狩獵的團隊合作默契與發達的運動神經，是海中哺乳類當中數一數二的。**在狩獵過後，體溫會因為激烈運動而上升，所以大家會將鰭肢露出水面靠冰冷的空氣降溫**。那光景簡直就是藝術！在水族館的表演秀也因勤於練習而聲名遠播的海獅選手團，牠們的上進心與心理也都很適合參賽。

獨家新聞！被裁判警告

在水邊生活的選手（水獺、河馬、貘等等）為了在乾淨的水中留下記號，會在裡頭大便。連海獅選手也不免俗，只要泳池的水是乾淨的，就一定會在競賽開始前於水中大便。不僅如此，海獅選手在上岸到陸地之後，也會在岩石的隱蔽處大便，所以被裁判嚴加警告。

海獅的厲害之處！

海獅與海豹在表演能力上的差異

海獅的祖先是熊，海豹的祖先則是鼬，所以兩者在身體外形上有些微的差異。海獅是**用大大的前肢划水游泳，所以速度很快，甚至可以做出急轉彎，有自由表演的可能性**。另一方面，海豹是靠後肢游泳，不會用到短小的前肢（鰭肢），所以難以像海獅一樣做出一些細膩的動作。

練習場景

海豚選手團與海獅選手團，這兩組人馬在水族館的表演秀也是競爭關係對吧

究竟世紀決戰的結果如何!?

見到海豚選手團魄力十足的表演而倍感壓力的海獅選手團成員。
「這次的對手真的不好惹。但是我們也不想認輸。」（海獅選手）

預想　用穩定的表演能力挑戰水上王者海豚

海獅選手**天性不會在意他人眼光**，所以在任何情況下都能拿出百分之百的實力展現穩定的表演能力。由於在藝術游泳（水上芭蕾）當中有些是得倒立游泳的表演動作，所以選手通常會配戴鼻夾以防鼻子進水，不過**海獅選手能夠自主關閉鼻孔**，因而可以不礙觀瞻地解決這個問題。

本屆大會備受矚目的焦點，就是最勤於培養實力的海獅選手團是否有機會攻破海豚選手團的堅固堡壘。令人擔心的部分在於，**海獅選手一干人等就連女生都有像酒嗓一樣粗嘎的聲音**。不曉得牠們的吶喊聲會不會在評審心中留下不好的印象。總而言之，只要極力避免發出多餘的聲音，品行端正、用心挑戰這項競技就可以了。

主要出場選手

◎海豚
○海獅
▲紅鶴
△日本鯷

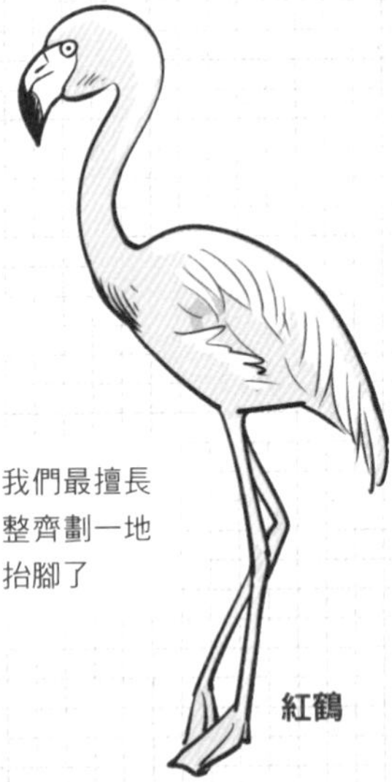
我們最擅長
整齊劃一地
抬腳了
紅鶴

練習就對了！
1、2、3、4！
海獅

大家一起律動
超開心的！
海豚

我們成群游
泳的模樣真
的很美唷
日本鯷

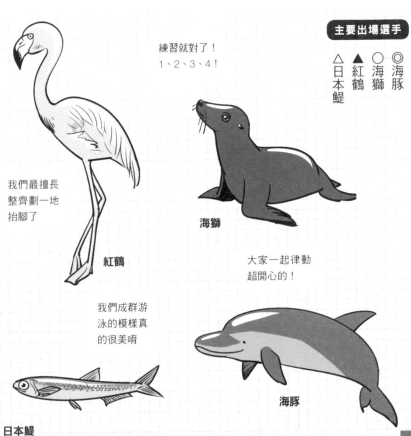

金 海獅
銀 海豚
銅 日本鯁

結果

勝利的姿勢？

藝術游泳競技火熱對決，戰況十分激烈！
海獅隊
紅鶴隊
海豚隊
最後是海獅隊技高一籌，精彩地摘下了金牌!!
啪啪啪
哇
啪啪啪啪
是團隊合作的勝利唷
…喂喂？比賽已經結束了唷？
啊——
真是暢快
這是例行的日光浴唷

動物川柳

海豚會奪金？我只是問問而已　請勿見怪呀

再多了解一點這項競技吧！ 自2020年的東京奧運起，水上芭蕾（Synchronized Swimming）將更名為藝術游泳（Artistic Swimming）。有雙人（2人）及團體（8人）競技，都是僅限女性參加。

水球

由7名選手組成隊伍，像足球一樣比賽將球射入球門的競技。

身穿完全入水規格的泳衣
挑戰水中格鬥競技！
焦點選手
一聽到流水的聲音，就按捺不住想蓋水壩的衝動呢

靠團隊合作及勇氣決勝負！

河狸

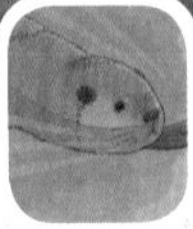

選手簡介

游泳
脾氣
建築
體力
健壯度

出身地 加拿大

飲食生活 素食主義者

性格分析 認真、貫徹初衷的類型

除了擅長在水中活動的能力以外，選手選拔時展現的積極態度也是一大重點。從這點來看，備受矚目的是河狸選手。雖然牠是老鼠的近親，但**全身上下合乎完全入水規格，趾間有蹼、尾巴像鰭一樣巨大**。家人之間的羈絆很深且彼此相處融洽。由於那雙手靈巧到可以抓取物品，所以很適合水球運動。具有鐵質塗層的橘色門牙，也能夠耐得住劇烈的衝擊。

預想

靜不下來的性格正是邁向勝利的不確定因素

看似溫和又膽小的河狸選手其實非常易怒。**覺得焦躁不安時，就會用尾巴不停地猛烈拍打水面，有時候被惹到惱羞成怒還會把郊狼等天敵咬死。**

令人擔心的部分在於，牠太過熱衷於整修自己蓋的水壩。一聽到疑似有水在流動的聲音，就完全冷靜不下來，**不管發生什麼事很想先去補強一下水壩再說**。大會相關人士很擔心牠會不會啃斷球門框拿去當作補修材料。

主要出場選手

◎河狸
○水獺
▲麝鼠
△長鼻猴

結果

鐵壁防守

金 水獺
銀 河狸
銅 麝鼠

水球決賽即將開打!!
不敗王者河狸隊
VS
巧手NO.1水獺隊
究竟哪一方會勝出呢!?
從哪都行，放馬過來吧!!
球門
喂
你們先把那座巢穴移開好嗎……

河狸隊的選手們太在意整修工程，無法專心投入比賽

還想把球門柱當作建材，一直在啃咬呢！

再多了解一點這項競技吧！ 比賽是在長30m、寬20m、水深2m以上的泳池內進行。水球是一種激烈的運動，甚至有「水中的格鬥競技」之稱。

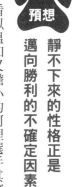

動物們的集訓合宿

有些動物生來就無需他人教導，會藉著本能行動；有的時候是靠雙親傳授給下一代，透過學習練得一手好本領。在此將以集訓合宿為題，介紹動物們究竟學了些什麼。

運用各種方法 提升我們的力量

並不是所有動物天生就具備高強的運動能力，也有一些動物會像運動員一樣，藉由集訓合宿般的訓練過程來提高彼此的能力。

有的動物在家長的督促之下進行嚴格的訓練，也有動物藉由手足或同伴之間的遊戲讓自己的技巧漸入佳境。又或是有一位負責教育工作的專家，甚至還有靠自己開發能力的動物。

不論是運動能力的提升、狩獵策略的擬定方式、還是從天敵手中逃出生天的方法等等，技巧越是純熟存活的機會就越大，也因此動物們絕不馬虎、總是認真到底。

訓練有素的首席動物 就是全世界最快的獵豹

獵豹等貓科動物的授課是由母親訓練孩子，媽媽不但是位教育專家，還完全不會發火只顧著給予親切的指導。一開始，母親會先親自捕獲獵物帶回家中，在不殺死獵物的前提下使其變得衰弱後釋放，讓年幼的孩子試著捕捉。就像這樣，年幼的孩子在模仿狩獵的過程中增加自信心的同時，也逐漸學會各種技術。是一種讓孩子體驗成功滋味、激發出牠們的幹勁，藉由誇讚培養才能的教育模式。

獵豹

海狗們會在出海前進行山上合宿

海狗是哺乳類動物，雖然手演化成了魚鰭般的模樣，但沒有鰓的牠們還是得用肺呼吸，因此不好好練習游泳的話可是會溺水的。所以出生後沒多久的小寶寶會在海灣一點一滴地練習游泳。

話雖如此，紐西蘭的海狗有一個問題——聰明的虎鯨埋伏在海灣等著要出手攻擊，於是牠們反其道而行將孩子們帶離海邊改成前往山上，在川上的瀑潭舉辦游泳合宿。等到熟練之後再下山出海。這個地方後來就成了海狗們代代舉辦特別合宿的場所。

海狗的鰭肢比我們還要長，耳朵也更醒目唷

海獅

還有這種的嗎？高空彈跳合宿

在格陵蘭生活的白頰黑雁以全世界最嚴酷的合宿聞名。牠們對北極狐等天敵襲卵的行為深惡痛絕，所以有著在120m以上的懸崖峭壁上築巢的習性，當雛鳥從卵中孵化後，親鳥就會展示從懸崖上輕輕飛下至山麓的模樣，並催促孩子盡快跟上。羽毛未豐的小小雛鳥只能鼓起勇氣，從山崖一躍而下。一路上不知撞了幾次岩石，就這樣急速落下120m。就算雛鳥再怎麼輕盈柔軟有彈性，如果撞得太嚴重還是有可能一命嗚呼。白頰黑雁在出生後就要馬上進行賭上性命的究極高空彈跳合宿的殘酷訓練。

原來我是讓牠們高空彈跳的罪魁禍首啊。真是抱歉

北極狐

獅子會把自己的小孩丟入深不見底的山谷？

說到動物的嚴苛教育，在日本有一句諺語叫做「獅子丟子（獅子の子落とし）」。獅子會把親生孩子推入谷底，只養育能夠自己爬回來的強大子嗣，這句諺語就是在說百獸之王是在嚴格的教育下誕生的。

不過，實際上**獅子**的棲息地為草原及森林，所以並不存在什麼小獅子難以攀爬的深谷，自然也就不會有這種形式的育兒合宿。

相反地，公獅很寵自己的孩子，無論子女有什麼無理取鬧的舉動牠都不會生氣，完全是個笨蛋家長。把自己的孩子們丟入谷底這種事情根本就是天方夜譚。

看來百獸之王的稱號與其頒給獅子，不如獻給白頰黑雁還比較合適呢！畢竟牠們可是會把剛出生的孩子從120m高的山崖丟下去，只養育生者的父母嘛。

我們雖然睡在山崖上，卻不曾把小孩丟下去唷
獅尾狒

得小心別失足滑落山谷
長鬃山羊

為了躲避天敵而從樹上躍入水中的跳水動作，我也經常在做呢
咦～原來樹懶先生也會游泳啊。完全想像不出來你運動時的模樣

第3章

室內運動

Indoor Competition

在體操、角力、柔道等各項競技，身懷力量與技術且個性豐富的動物們，將要一爭霸主之位。究竟勝負會如何發展呢！？

室內運動 | 競技項目 **體操 吊環**

Indoor Competition | Gymnastics Rings

垂掛在吊環上表演的體操競技。在不穩定的吊環上只能用雙臂支撐身體，且該競技僅限男性參加。

焦點選手

運用雙臂在樹上穿梭移動 每天都勤於訓練

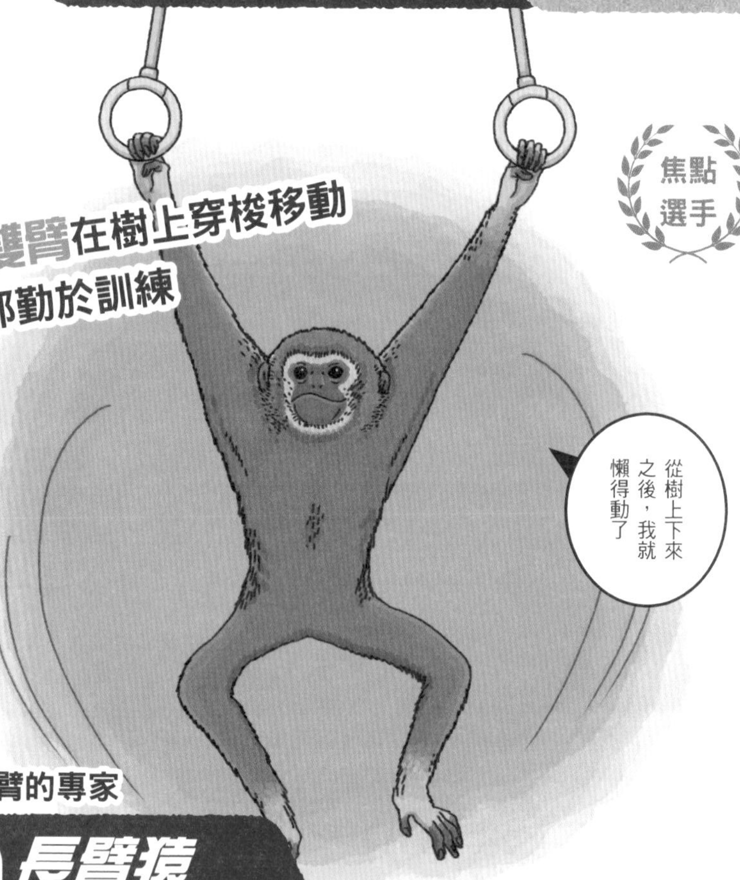
從樹上下來之後，我就懶得動了

運用雙臂的專家

長臂猿

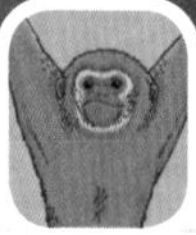

選手簡介

力量	■■■■■	毅力	■■■■■
平衡感	■■■■■	體力	■■■■■
運臂能力	■■■■■		

出身地 馬來西亞

飲食生活 素食主義者

性格分析 很重視自己的世界觀

人類是靈長類當中握力最弱的動物，明明是猿猴類的近親卻沒辦法吊掛著支撐自己的身體。而在猿猴類當中最擅長這個動作的，就是備受矚目的東南亞選手長臂猿。**牠最擅長的臂躍行動（brachiation）是日文「垂吊（ぶら下がる）」一詞的語源。運用雙臂，就能夠在叢林之間高速移動，比在地面奔跑時還要快**。雖然是種小型猿類，但與黑猩猩一樣是接近人類的類人猿，也沒有尾巴。

預想

以最適合參加吊環競技的超群身體能力為豪

長臂猿選手的雙臂是身體的2倍長。**由於肩關節、鎖骨特化，所以手臂的可動範圍可大了。**不僅如此，為了能做出迅速的動作，長臂猿放棄了以手握物的能力，大拇指已經退化。**掌管動態視力、空間知覺的三半規管也十分厲害，**讓牠擁有能在吊環競技大顯身手的身體能力。

夫妻倆鶼鰈情深，若太太來到比賽會場為自己加油，可湧現十二萬分的幹勁。**情緒高漲時，就會在比賽過程中發出響徹數公里遠的歡喜大吼叫。**而且還是夫妻倆一起。

主要出場選手

◎長臂猿
○黑猩猩
▲蝙蝠
△蓑蛾

結果

太喜歡樹上了……

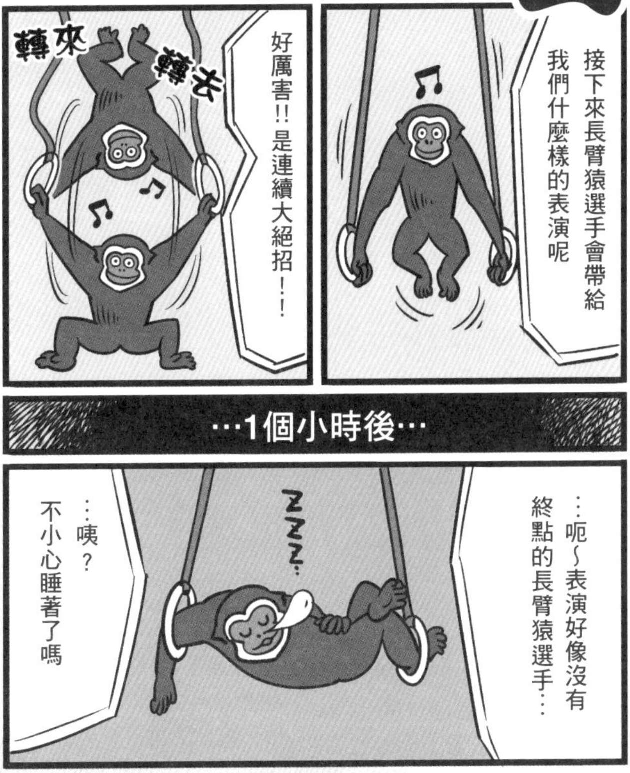

接下來長臂猿選手會帶給我們什麼樣的表演呢
好厲害!!是連續大絕招!!
轉來
轉去
…1個小時後…
…呃～表演好像沒有終點的長臂猿選手…
…咦？不小心睡著了嗎
ZZZ

金 長臂猿
銀 黑猩猩
銅 蝙蝠

最後終於落地，結束漫長的表演了

牠的表演真的相當精彩呢

再多了解一點這項競技吧！ 在體操競技中，男子會進行地板、鞍馬、吊環、跳馬、雙槓、單槓六個項目，女子則有跳馬、高低槓、平衡木、地板四個項目。

室內運動 | 競技項目

體操 鞍馬

Indoor Competition | Gymnastics Pommel horse

在模仿馬鞍打造的器材上，只能用雙臂支撐身體進行體操表演，且該競技僅限男性參加。

焦點選手

不准說我是狸子（貉）！
活用倒立尿尿的古怪習性

用最棒的倒立吸引全場目光！

藪犬

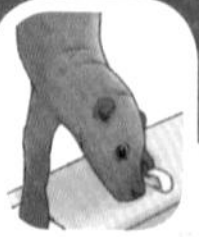

選手簡介

倒立	■■■■■	毅力	■■■■■
敏捷度	■■■■■	體力	■■■■■
脾氣	■■■■■		

出身地　巴西

飲食生活　老鼠與小鳥，偶爾吃水豚

性格分析　壞壞的中年大叔

左右擺盪的動作、縱橫移動的技術、將身體水平倒下的轉向技巧、以及著地的結束動作等等，在鞍馬當中有非常多種技術，而且難度極高。備受矚目的是來自南美的藪犬選手。**雖然名字帶個「犬」字，卻有著一副似貉的醜怪模樣，是犬科當中最原始的動物。四肢粗短還具有蹼，所以接地面積較為寬廣，提高了穩定性。**最顯著的特色就是那用前腳倒立著尿尿來做記號的習性了。

預想

請母藪犬傳授訣竅的倒立特訓進行中！

藪犬選手屬於近危物種，而且充滿了謎團，就連競爭對手們也沒有要特別防範牠的意思。**脾氣暴躁，認為要捕獲比自己還要大的獵物才能活出生存的價值。令人擔心的地方在於，擅長倒立的是母藪犬。**公藪犬的話，是像狗一樣採用抬起單腳的做記號方式……。有不少運動分析師預測，若是將來鞍馬納入了女子項目，想必獨占獎牌的選手會是牠們。

由於藪犬選手與妻子伉儷情深，所以由太太來擔任專屬教練的情況應該也很多吧。

主要出場選手

◎海狗
○藪犬
▲臭鼬
△亞洲象

結果

平時的習慣讓人一不小心……

金 海狗
銀 臭鼬
銅 亞洲象

體操競技鞍馬 藪犬選手的倒立動作～!! 真是美麗啊～!!
亮相
接著結束動作將從高處～
滴答
亮相
做記號～!! 準確俐落～!!
哇啊啊啊
呼～
「準確俐落」個頭啦!!
喂!

藪犬選手因為尿尿而被判失格

一不小心就直接仿效母藪犬的習性了！

再多了解一點這項競技吧！ 體操競技中，男子有六項、女子有四項，可以挑戰團體、個人全能或是單項競技。鞍馬是比賽旋轉、擺盪等動作的躍動感及美麗度的男子專屬競技。表演時靜止或落地都會扣分。

室內運動 | 競技項目

韻律體操

Indoor Competition | Rhythmic Gymnastics

使用繩、環、棍棒、彩帶等手具，配合音樂在邊長13m的方形區域內表演。

焦點選手

雖然是在追求美 但總覺得有點滑稽

讓你們看看史上
最棒的表演！

平衡感出類拔萃！

鵜鶘

選手簡介

游泳 ■■■■■　飛行 ■■■□□
捕食 ■■■■□　體力 ■■■□□
合作 ■■■■■

出身地　土耳其

飲食生活　都是魚

性格分析　喜歡被注視的類型

大多數鳥類都追求「美」。色彩鮮豔的羽毛、華麗的求偶舞、美妙的鳥囀等等，都展現了其獨特的美感。在比賽藝術性的韻律體操當中，尤以鵜鶘選手最受矚目。**牠們成群組成圓圈漁獵的合作技巧，正如韻律體操團體般美麗動人。**尤其是白鵜鶘具有高雅的粉紅色，就連公鳥的女子氣質也很高。巨大的鳥喙不只能當作漁網，還可以用來抓抓背等等，意外地能夠活用在各種地方。

預想

細緻、美麗　還帶點滑稽感的表演

鵜鶘選手的腳掌有三片蹼膜相連，比雁鴨等水禽多了一片，所以穩定性較高。除此之外，**喉袋也是一大特徵，在覺得熱時、或求偶等場合抖動喉袋的模樣，猶如彩帶表演般細緻、美麗，還帶點滑稽感。**

鵜鶘選手的**身體重心在胃，所以即使吞下大量的魚，也能夠保持平衡、好好發揮在空中飛翔的身體能力。**也因此，比賽當前也泰然處之，結果一不小心吃太多導致動作變遲緩，是較令人擔心的部分。

主要出場選手

◎鵜鶘
○灰椋鳥
▲旅鼠
△紅鶴

結果

逗趣的鵜鶘舞

金　鵜鶘
銀　旅鼠
銅　紅鶴

請掌聲鼓勵鼓勵，謝謝!!
鵜鶘小姐的餘興節目很精彩!!
啊哈哈哈好奇怪的舞
那麼接下來有請參賽的選手…
給我等等!
我也是選手耶!!
剛才的是正式表演!!

哎呀，一不小心就忘了那是競技

多麼歡樂的舞蹈呀。得分值得期待唷！

再多了解一點這項競技吧！　體操可以大致分為競技體操、韻律體操、彈翻體操這三種。韻律體操有個人全能以及團體賽。

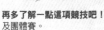

彈翻床

利用彈翻床表演雜耍般的空中技藝，是一種比賽華麗表演力與難易度的總分的體操競技。

焦點選手

空中平衡感是哺乳類動物界第一名

實力是一流的！

獰貓

選手簡介

跳躍力	■■■■■	毅　力	■■■■■
平衡感	■■■■■	體　力	■■■■■
敏捷度	■■■■■		

出身地 卡達

飲食生活 偏重老鼠、小鳥

性格分析 斯多葛主義者、急性子

單獨狩獵的貓科動物的運動神經極為優異，擅長做出雜耍性十足的動作。只不過，老虎等大型貓科的動作比較遲鈍、屬於力量型，所以不適合參加這項比賽。也因此，備受矚目的是來自非洲的獰貓選手。**就算沒有彈翻床，牠也可以毫不費力地垂直跳高3m以上**。特技是在空中瞬間調整姿勢，**於單次的跳躍過程中從鳥群捕獲複數隻鳥**。

預想

毛茸茸的耳毛也拉高了華麗分數

彈翻床需要的不只是技術，也很重視「華麗度」。獰貓**在耳朵尖端長有一撮房毛，是公認的華麗之王**，牠的外觀也很漂亮。還有那條長長的尾巴，更能強調出充滿躍動感的姿勢，表演分數著實令人期待。

獰貓選手**好勝心強，有時還會從胡狼或鬣狗手中強行奪取獵物**，要是比賽結果不如預期，恐怕牠會向裁判表達對表演分數的不滿，甚至口出惡言呢。

主要出場選手

◎獰貓
○藪貓
▲跳羚
△高角羚

結果

名為「華麗」的才能

金 藪貓
銀 獰貓
銅 跳羚

藪貓選手在「華麗度」勝過獰貓選手，分數很高！

不只是技術，外表也很重要嘛！

再多了解一點這項競技吧！ 自2000年起才列入奧運競技的彈翻床，只有男子與女子的個人項目。男子跳躍的高度可達7m。

擊劍

發源自歐洲的對戰競技。前身是中世紀騎士的劍術。在鈍劍及銳劍中，只有突刺算有效攻擊。

焦點選手

運用尖銳的顎部來一場痛快的擊打！
時速100km！
由水中最快的魚
所演示的超高速劍術！

使劍技術天下第一

雨傘旗魚

選手簡介

敏捷度　毅力
游泳　體力
健壯度

出身地：巴布亞紐幾內亞
飲食生活：偏重小魚、烏賊
性格分析：抖S的類型

擊劍所用的並不是以切砍為主的刀刃，習慣運用細劍突刺的動物才是該競技的重點選拔對象。而當中的第一把交椅就是旗魚選手了。大型種類全長可達4m、體重可至700kg，是種超級巨大的魚。其中的雨傘旗魚是**水裡游得最快的魚，移動時速甚至能飆到100km**。用這種速度，只要0.5秒就可以通過擊劍的14m細長型比賽場地（piste），迅捷無比。將延伸而出的銳利上顎化作武器，利用迅疾的劍術壓制對手。

預想

不用於突刺反而拿來擊打是令人擔憂的地方

旗魚選手的劍（吻部）是一種特殊的構造，**強度與哺乳類動物馬的粗壯骨頭有得比，所以不會輕易斷裂**。而且前端尖銳，對鯊魚等天敵使出突刺的話，能夠確實給予對方致命的傷害。

話雖如此，旗魚選手卻不會將這把劍用於突刺。**一旦發現魚、烏賊、螃蟹等獵物，就會揮舞著劍狠狠地毆打，揍到面目全非為止**。糾纏不休地追打再把昏厥過去的對手吃進肚裡的行為，在擊劍當中可是一點也不紳士的行為，還會被紅牌請出場外呢。

主要出場選手

◎雨傘旗魚
○獨角鯨
▲黑犀牛
△傑克森變色龍

結果

男人之間的認真對決！

金 獨角鯨
銀 雨傘旗魚
銅 黑犀牛

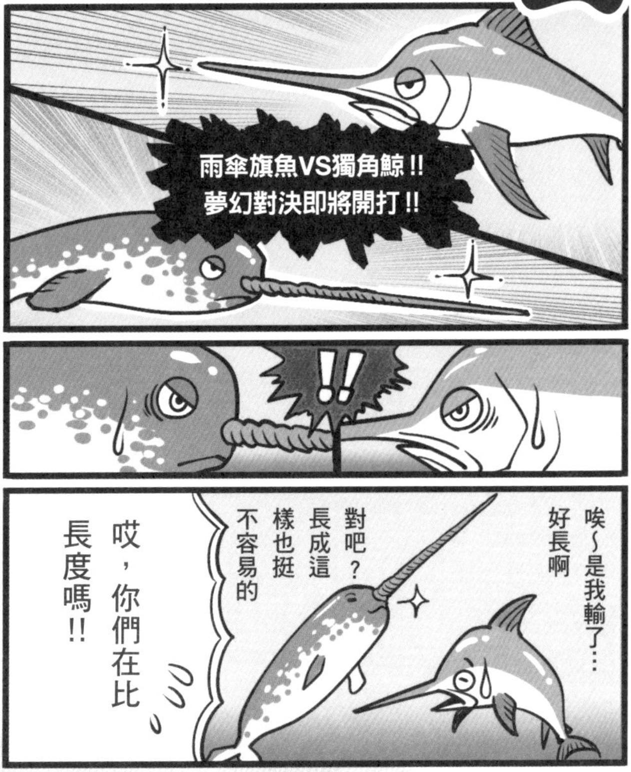
雨傘旗魚VS獨角鯨!!
夢幻對決即將開打!!
!!
唉～是我輸了……
好長啊
對吧？長成這樣也挺不容易的
哎，你們在比長度嗎!!

雨傘旗魚選手與獨角鯨選手似乎在雄性之間都是靠長度決勝負的

進到決賽，一不小心就犯了平時的老毛病

再多了解一點這項競技吧！ 擊劍有三種競技：先攻者有攻擊權的鈍劍、源自於決鬥且率先突刺的一方得分的銳劍、源自於騎兵戰鬥的軍刀。注重騎士精神，像是比賽前要互相敬禮等等。

角力

雙方交纏，將對手的雙肩壓制在角力墊上1秒以上即戰勝（壓制勝）的競技。

焦點選手

你問我為什麼
不用咬的？
因為不喜歡見
血嘛～
運用龐大的身軀
扳倒對手！

公平競爭，目標奪「金」！

澤巨蜥

選手簡介

力量　鬥志
寢技　體力
敏捷度

出身地 緬甸

飲食生活 老鼠、小鳥、蛋

性格分析 難以理解牠的地雷在哪裡

角力需要靈敏度、堅毅的耐力、鬥志以及公平競爭的精神。在這些條件下，備受矚目的是澤巨蜥選手。**在角力比賽中，採取低姿較能把握進攻時機，所以有許多身形矮小的動物入選，不過澤巨蜥選手全長2.5m、重25kg，體型算是相當龐大。**繁殖時期若雄性彼此相遇，牠們不會使出咬、抓這類攻擊，而是用後腳站立並互相交纏，遵循像角力一樣的規則戰鬥，敗者須離場。

預想

雖然別名叫做黑色惡魔 但其實是個挺不錯的傢伙？

澤巨蜥選手崇尚希羅式角力，不會進攻腰部以下的部位。一旦雙方交纏就很難分出勝負，比賽過程中還會暫時休戰再重新開始。**由於外表恐怖至極，有個別名叫做黑色惡魔，不過其實牠總是秉持著體育精神在戰鬥。**

有一種地松鼠的近親蒙古旱獺，藉著蒙古相撲比賽決勝負時，也不會去咬、抓對方，遵守競技規則堂堂正正地戰鬥。雙方公平競爭的比賽結果究竟會如何發展呢？

主要出場選手

◎澤巨蜥
○蒙古旱獺
▲日本貂
△無尾熊

結果

來自地獄的使者

金 澤巨蜥
銀 蒙古旱獺
銅 日本貂

牠成功了 旱獺選手晉級決賽～!!
哇 哇
太好了 我要靠這個氣勢贏得優勝!! 決賽的對手是哪位呀!?
是我唷……
陰森森
…我要棄權
由澤巨蜥選手奪得金牌～!!

蒙古旱獺選手還沒比賽就先望風而逃了

黑色惡魔的別名不是空穴來風呢！

再多了解一點這項競技吧！ 角力是發源自西元前歐洲的格鬥競技，在古代奧運是頗受歡迎的項目。以擒抱為主的自由式角力有男女6個級別。以投技為主的希羅式角力則僅限男性參加，有6個級別。

拳擊

用戴著拳擊手套的左右拳頭擊打對手上半身，
看誰先不支倒地或由裁判宣判結果來決定勝敗。

掌控與對手之間的距離 後仰迴避之後使出一記重拳！

焦點選手

教練，請你見證我一路下來的成長！

請了教練（口蝦蛄）嚴格特訓中

小袋鼠

選手簡介

力量　毅力
速度　體力
跳躍力

出身地	澳洲
飲食生活	素食主義者
性格分析	不太會拚命努力

拳擊是使用拳頭的格鬥競技。體力、技術自不用說，拿出鬥志的精神也很重要。說到拳擊，一定有很多人先聯想到袋鼠，但因袋鼠也會頻繁使用足踢攻擊，所以轉戰踢拳的選手很多。其中，**小型的小袋鼠會以拳擊決勝負，所以競技人口較多，也有不少人才**。附帶一提，袋鼠（kangaroo）與小袋鼠（wallaby）之名和分類學上的區別無關，純粹是看大小給予的不同稱呼罷了。

小道消息
袋鼠類的各量級選手

袋鼠類動物有鼠袋鼠科及袋鼠科，其數約60種。雖然是依據體型做分類，但是當中也有拳擊打得很爛的種類。

- 重量級　紅袋鼠
- 中量級　東部灰大袋鼠
- 沉量級　中袋鼠
- 輕量級　林袋鼠
- 羽量級　小袋鼠
- 雛量級　短尾矮袋鼠
- 蠅量級　長鼻袋鼠

受女性歡迎的程度急速上升！

相對於袋鼠選手生活在環境嚴苛的荒野，小袋鼠選手居住在都市近郊的森林，是城市派。年輕的小袋鼠被稱做「喬伊（joey）」，最近女性粉絲急速增加中。用手握草食用的模樣很受歡迎。不擅長反芻（吃進胃裡的食物會再次回到口腔中咀嚼吞嚥），有時候會從嘴裡噴出來。

練習場景

口蝦蛄前選手自第一線引退之後，目前擔任小袋鼠選手的教練

猛烈的拳頭一點也不輸現役選手呢！

被譽為史上最強的拳擊手、活生生的傳奇——口蝦蛄前選手。牠會使出快到看不見的高速拳擊碎貝殼。

預想

後仰的同時掌控與敵之間的距離 採取用兩手揮拳的姿勢

雄性在繁殖期間為求得雌性青睞會彼此爭鬥，大多數袋鼠類皆是如此。並不是一見面就開始互毆，而是先**做出脹起上半身的動作「pumping」來互相較量彼此身材**，如果勝負難分，就要鳴鑼開戰了。

小袋鼠選手會兩手交互著出拳，毆打對手的臉。和後腿相比，那纖弱的拳頭似乎給不了什麼傷害，但是**雙方都不喜歡被打臉，所以會盡可能地後仰閃避對方的攻擊，最終成了一場窩囊的拳擊比賽**。該如何避開敵人的攻擊、給出一記漂亮的重拳，就是勝敗的關鍵了。

前屆王者馬來熊選手看起來做足了萬全準備。而身懷必殺技貓拳、首次出賽的藪貓選手，也名列在可能優勝的名單當中。

主要出場選手

◎馬來熊
○小袋鼠
▲黑猩猩
△藪貓

若論動作靈敏度，我不會輸給任何人唷
黑猩猩
我的拳頭可是很有分量的喔！
馬來熊
嚐嚐我攻擊範圍寬廣的貓拳！
藪貓
閃躲敵人的攻擊，打牠、再打牠
小袋鼠

結果

傳說復活

金 馬來熊
銀 小袋鼠
銅 藪貓

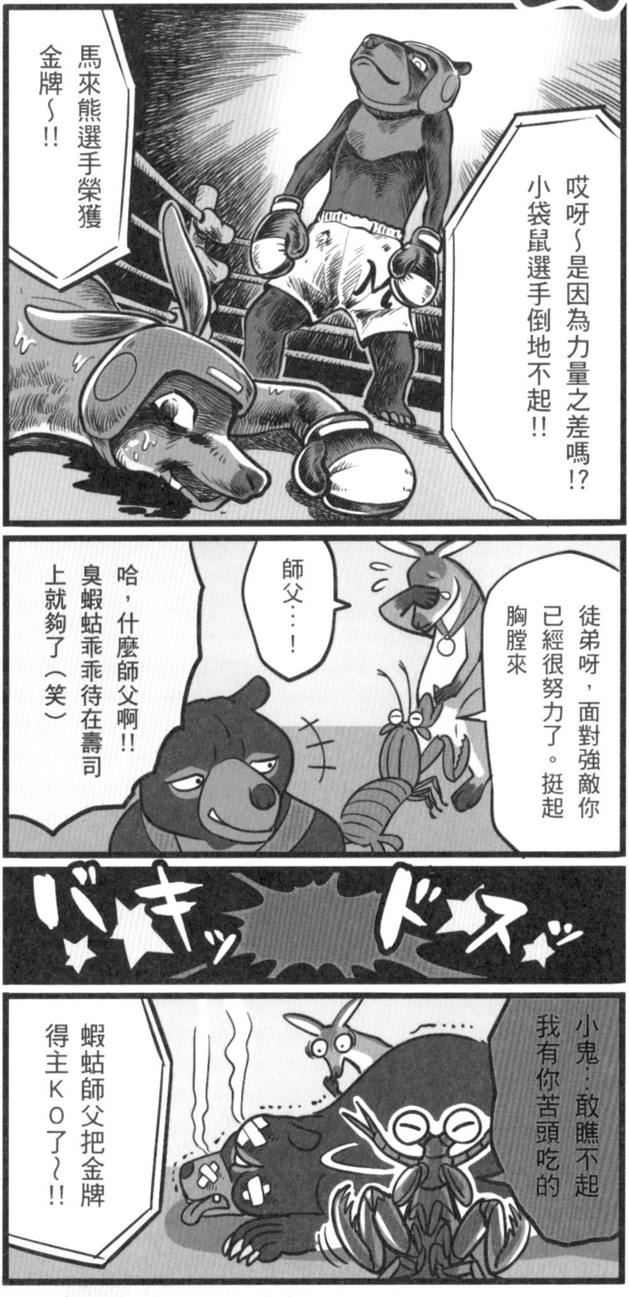

動物川柳

就像那貝殼　頭彷彿要裂開了　難受馬來熊

再多了解一點這項競技吧！ 東京奧運根據體重分級，實施男子8個量級、女子5個量級的賽制。

柔道

源自於日本的格鬥競技，後普及至全世界。
運用投技、固技、當身技來戰鬥的競技。

焦點選手

擅長爬樹是為了
逃離棕熊而練出
來的。嘿嘿

小小的熊
放倒大大的熊
踏上成為最強柔道家之路！

目標是成為最強的熊！

美洲黑熊

選手簡介

力量　毅力
寢技　體力
健壯度

出身地　美國

飲食生活　小動物、樹果

性格分析　容易被糾纏的類型

柔道追求的是放倒對手的腕力至施展寢技強度的綜合能力。若論綜合格鬥能力，能夠自詡為動物界最強的除了熊以外別無他人。備受矚目的是美洲黑熊選手。**雖然牠的身形比棕熊足足小了一圈、在力量上不如對方，但是能夠敏捷地爬上樹，利用策略去對抗強敵**。在自然界也有發生過小隻的熊把巨大的熊丟飛出去，使出寢技奮力戰鬥的案例。

預想

會是哪位選手打倒最強的灰熊選手呢？

以美洲黑熊為首的各種熊類佔有慾很強，適合朝格鬥家發展，除此之外，那**心生恐懼也不逃跑、反被激怒讓潛能覺醒的特質也不容忽視**。一旦進入憤怒狀態，就會開始毫無節制地暴走。

號稱最強的是北美的棕熊（灰熊）選手，有時候甚至會吃掉美洲黑熊。雖然柔道曾被譽為日本的「獨門絕技（お家芸）」，近年來勢頭卻被外國壓過而陷入低靡。隨著日本棕熊選手、日本黑熊選手的崛起，期待獨門絕技復活的聲浪也越來越大。

主要出場選手

◎棕熊（灰熊）
○日本棕熊
▲美洲黑熊
△亞洲黑熊

結果

嚴苛修行的成果

金 美洲黑熊
銀 棕熊（灰熊）
銅 亞洲黑熊

棕熊選手要使出拿手的寢技了嗎!?
你就老實點給我好好地睡一覺吧!!
凶猛
!!
滾
滾
滾
唔哇啊啊
竟、竟然是地獄車～!!
美洲黑熊選手，得分勝出～!!
呼 是我輸了…想必是嚴苛修行日積月累的成果吧
哈哈哈哈…
呃、嗯算是吧…（其實我只顧著滾來滾去而已…）

至今為止勢如破竹的棕熊選手竟然觸礁了。風水輪流轉啊！

這就是所謂的「以柔克剛」吧。美洲黑熊選手的表現真是精彩。

再多了解一點這項競技吧！ 柔道比賽分成男女7個量級。自2020年東京奧運起，實施男女各3名合計6名的混合團體賽。柔道不單單是種運動，也是一種注重禮節與精神的武道。

室內運動 | 競技項目 # 空手道

Indoor Competition | Karate/Taekwondo

空手道被視為發源自沖繩的武道／格鬥競技，使用手腳作為攻擊手段比劃。

舞於空中的同時瞄準對手的弱點用「鶴拳」發起猛攻！

差不多是時候解放我深藏已久的力量了……
焦點選手

目標是站上鳥類頂點！

丹頂鶴

選手簡介

踢力 ■■■■□　毅力 ■■■■■
飛行 ■■■■□　體力 ■■■■■
脾氣 ■■■■□

出身地：日本

飲食生活：蟲、魚、貝

性格分析：一旦被激怒就會變得很可怕的類型

能將突刺、踢擊、擊打這三種招式運用自如的硬派動物當中，最受矚目的便是鶴類當中的丹頂鶴選手。**中國武術有一種拳法「鶴拳」就是從鶴的動作中得到啟發**，由此可見其中隱含著格鬥要素。**不僅動態視力、反射神經優秀，身姿也十分輕盈，精於活用三次元的空間**。全長有140cm以上，展翅的話更能達到240cm的身長，再加上尖銳的鳥喙、修長的腳，全身上下都可以化作武器。

預想

如果頭變得更紅將會變身成究極形態!?

飄然從天而降給予一記迅速的踢擊，**就算是人類，要是被踢到肚子也會幾乎喘不過氣，是相當猛烈的一擊**。展開巨大雙翼做出的威嚇姿勢會令對手墜入恐懼的深淵，鳥喙則會瞄準對手的罩門或眼睛突刺。雖然平常就已經很強了，但是在**育兒時期脾氣暴躁的牠才是最強的，連天敵都會聞風而逃**。頭頂沒有羽毛，之所以呈現紅色是因為那是血管透出來的顏色，一生起氣來血流就會增加，讓該部位變得更紅、力量也變得更加強大。演變到這種地步的話，不管是誰都阻擋不了牠了……。

主要出場選手

◎南方鶴鴕
○丹頂鶴
▲白尾海鵰
△斑馬

結果

我已經看穿了你的攻擊！！

金 丹頂鶴
銀 南方鶴鴕
銅 斑馬

哎呀，丹頂鶴選手的頭變得好紅呀

已經無人能擋了唷。以鳥類最強揚名的南方鶴鴕選手被打得落花流水

再多了解一點這項競技吧！ 空手道是2020年東京奧運的新增項目，「組手」分成男女各3級比試，「形」則是表演武藝。

舉重

用雙手將槓鈴舉過頭，比賽所能舉起的重量。
關鍵在於能否激發出肌力的潛能。

不論何時，我都是卯足全力！

換算成人類的情況就是能輕輕鬆鬆舉起重達1t的物體！

焦點選手

昆蟲界的王者參戰！

獨角仙

選手簡介

力量　　毅力

投擲力　　體力

健壯度

出身地 日本

飲食生活 熟成的果實、樹液

性格分析 不聽他人的忠告

舉重靠的不光是肌肉量，激發出肌肉潛能所需的專注力及精神力更是關鍵所在。也因此，備受矚目的是廣受人類小孩歡迎的昆蟲王——獨角仙選手。牠是一位不加思索就毫不猶豫地以勇猛氣勢舉起眼前巨物的強者。**姑且說牠心理層面強大吧……也可以說，牠什麼都沒想。**吃、睡、擲這三件事就是牠的生活模式，可以無心**舉起重達自己體重20倍以上的物體。**

預想 關鍵在於能否壓抑住「想丟擲出去的慾望」

獨角仙選手令人擔心的地方在於，牠**無法壓抑「想丟擲出去的慾望」**。舉重在把槓鈴高舉過頭後必須靜止數秒，但是獨角仙卻有忍不住丟擲出去的習慣。

競爭對手是靈長類動物中最大、體重超過200kg且據說握力有500kg的大猩猩選手（雄性）。雖然牠的肌力潛能非常之高，碰上爭鬥或決勝負等緊要關頭時卻會猶豫要不要使出全力。能搬運重達自己體重25倍以上物體的螞蟻選手、以及以體長150倍跳躍力自豪的跳蚤選手，也都是眾人矚目的焦點。

主要出場選手

◎獨角仙
○大猩猩
▲螞蟻
△跳蚤

結果 沒有辦法維持……

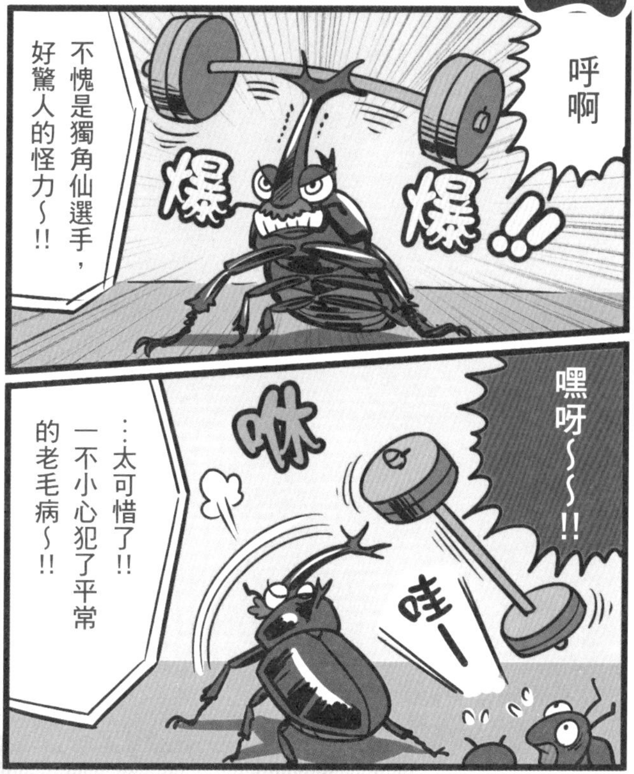

金 螞蟻
銀 跳蚤
銅 日本大鍬形蟲

大猩猩選手果然沒辦法在正式比賽時發揮實力

頒獎台被一票昆蟲給獨占了呢！

附帶一提人類的紀錄是？ 2017年 105公斤以上級的拉沙・塔拉卡哈德澤（喬治亞）的總成績為477kg（抓舉、挺舉）。

室內運動｜競技項目

運動攀登

Indoor Competition | Sports Climbing

包含兩位選手同時攀爬15m高的岩壁競速的「速度賽」在內，共有三種競技。

不慎摔落恐致死 懸崖峭壁上的訓練

焦點選手

攀岩的專家

獅尾狒

選手簡介

力量
毅力
平衡感
體力
執著

出身地 衣索比亞

飲食生活 素食主義者

性格分析 認真、溫和的類型

雖然運動攀登**需要驚人的握力與腕力才能單用指尖支撐自己的身體**，但是在時間內運用的戰術及策略也很重要。擅長在垂直山崖上活動的動物意外地多，不過備受矚目的是來自衣索比亞的獅尾狒選手。雖為靈長類卻不住在森林裡，演化出了適應草原的能力。也因此，為了避免夜間睡覺時被花豹等天敵偷襲得逞，**牠窩在沒有人爬得上去、高到嚇死人的垂壁上睡覺**。

小道消息 獅尾狒選手的手汗

人類的握力較弱，日常生活中大多手握表面光滑的物品，所以應該有許多人認為「有汗會滑」吧。不過，野生的猿猴們卻是因為走路時手會碰地，導致沙塵沾附到手掌上，手才變得乾巴巴、滑溜溜的。此時稍微濕潤掌心，就可以去除沙塵、增加抓握力。人類反而會在手上塗抹止汗的防滑粉，不過這倒是因為緊張時容易出手汗的關係。

猿猴們的握力

猿猴類的大拇指可以朝與其他手指相異的方向活動，擅長抓取物品。黑猩猩、大猩猩以及猩猩，都擁有可以單用一根手指吊掛的力量。也因此，動物園的柵欄是用握力500kg以上都無法彎折的預設強度製作而成。一不留神握個手的話，牠們可能會出於惡作劇的心態把人類的手握碎，所以得多加注意。

練習場景

似乎是為了遠離天敵，才選擇在山崖上睡覺

比起避敵，更有種危險的感覺呢

獅尾狒選手的日常就是練習。由於在峭壁上睡覺，一旦摔落小命就不保了。

預想

雖然潛力很高
但個性上不喜爭鬥

獅尾狒選手**從小每到了日暮時分，就會與猴群的同伴們一起攀登懸崖**。想當然耳，牠們沒有什麼攀岩塊、凸角這類的安全道具。除了攀爬以外，還會在數十公尺高的垂壁上的狹窄空間睡覺，充分發揮了強者的特質。話雖如此，在脾氣暴躁的狒狒當中，獅尾狒選手的**個性屬於不喜爭鬥的溫藹類型**。說到底，牠能不能在競技中展現對勝利的執著還是個問題呢。

競爭對手雪羊選手在攀登時一概不使用握力，無法克服懸垂的陡崖（overhang）是牠得面對的一大課題。除此之外，若與天敵花豹選手分配到同一組，會不會因為緊張導致無法發揮實力，也令人擔心。

主要出場選手

◎獅尾狒
○雪羊
▲花豹
△長鬃山羊

讓你們看看我爬樹鍛鍊出來的技術吧

花豹

山崖是保護我們的安全之地

獅尾狒

我都在日本的山崖上練習

長鬃山羊

為了躲避天敵，我們總是走在懸崖峭壁上做特訓唷

雪羊

金 獅尾狒
銀 花豹
銅 長鬃山羊

結果

不為人知的另一面

緊跟在後的雪羊選手追上了獅尾狒選手!!
金牌是我的!!
奸笑奸笑
嘶啊啊啊啊
!!
哇—!
腳滑
嘿嘿嘿
雪羊選手墜落~!!

動物川柳

不需要戰鬥　就可以克敵制勝　惡鬼的臉孔

再多了解一點這項競技吧！　2020年東京奧運的新增項目。頂尖選手僅需5秒多就能登上「速度賽」中15m高的岩壁。此外，還有在規定時間內攀爬4m高的岩壁、比賽誰爬得多的「抱石賽」，以及在規定時間內攀爬15m高的岩壁、比賽誰爬得高的「先鋒賽」。有三種競技。

足球頂點決勝之戰！

動物世界盃足球賽

預想

各大陸精選出的動物們皆以站上世界頂點為目標！

每四年舉辦一次的世界盃足球賽即將以東南亞的泰國為舞台盛大開幕。針對本屆大會的賽前預想，大多認為擁有超高速前鋒陣容的非洲代表隊會贏得優勝。話雖如此，個人技優秀且得分能力高的南美代表隊、有眾多活躍於海外的選手的亞洲／澳洲代表隊也極有可能拿下初次優勝。除此之外，有鐵壁後衛的歐洲代表隊、主打穩健戰鬥路線的北中美代表隊，牠們的團隊力量也相當穩定。不管是哪一支隊伍勝出都不會令人感到意外，可以料想會是一場世紀大混戰。

能夠施展多樣化攻擊的夢幻球員軍團！

非洲代表隊

ANIMAL FOOTBALL WORLDCUP | Africa

FW
非洲野犬
FW
獵豹
FW
藪貓
MF
斑點鬣狗
MF
水牛
MF
黑犀牛
MF
蹄兔
DF
倭河馬
DF
非洲森林象
DF
蜜獾
GK
獅尾狒

教練：獅子（兼任選手）
候補：FW 黑曼巴蛇／MF 長頸鹿／DF 細紋斑馬／DF 河馬／GK 大猩猩

戰力分析

由水牛選手擔任司令塔，能夠進行多樣化的傳球。曾經備受期待的高個長頸鹿選手因為過高導致判斷能力欠佳，因而成了候補選手，但是如今有了大會首屈一指的超高速前鋒陣容——獵豹選手、非洲野犬選手的加入，以及面對空中戰也能展現高強本領的藪貓選手、不管做出什麼姿勢都不會被判手球犯規的黑曼巴蛇選手候補待命，大量得分是無庸置疑的。曾經創下110得分傳奇而被封為得分王（百十之王）的獅子教練是一位連守門員也可以勝任的全能型球員，至今仍為現役。

來自鐵壁防守的
快速反擊!

歐洲代表隊

ANIMAL FOOTBALL WORLDCUP | Europe

FW
紫貂
FW
歐亞猞猁
MF
狼獾
MF
銀狐
MF
巴巴利獼猴
MF
歐亞水獺
DF
犛牛
DF
歐洲野牛
DF
駝鹿
DF
黇鹿
GK
北極熊

教練：狼

候補：FW野兔／FW摩弗侖羊／DF馴鹿／GK棕熊

戰力分析

想要攻破由居首的守護神北極熊選手、犛牛選手、歐洲野牛選手、駝鹿選手所組成的鐵壁後衛，可說是難如登天。從防守轉為快速反擊的切換時機，是由司令塔銀狐選手負責掌控。接近比賽尾聲要集中火力決勝負時，擅長頂球的摩弗侖羊選手也有出場機會。以戰術家之稱揚名天下的狼教練在分析敵隊弱點的同時，會指派一些令人驚訝的選手上場，而牠的策略也分毫不差地連連得勝。

南美代表隊 ANIMAL FOOTBALL WORLDCUP | South America

FW
美洲豹
FW
鬃狼
FW
兔豚鼠
MF
藪犬
MF
黑帽
捲尾猴
MF
樹懶
MF
南美
浣熊
DF
羊駝
DF
眼鏡熊
DF
水豚
GK
大食蟻獸

教練：犰狳

候補：FW美洲豹貓／MF紅禿猴／DF美洲貘／GK食蟻獸

戰力分析

雖然是一支個人技相當優秀的隊伍，但是大家都不願服從犰狳教練的指示，彼此紛爭不斷。守門員大食蟻獸選手在ＰＫ戰中會以大字形死守球門。而在比賽中局，有樹懶選手擅長禁區進攻，不過牠因為先前比賽的延遲行為持有1張黃卡。從頭腦派中場黑帽捲尾猴選手的致命傳球，一直到在世界各地擁有眾多女粉絲的得分王鬃狼選手的華麗射門，都是眾人關注的焦點。

超技巧派選手雲集，
可惜缺乏統率力！

當隊伍團結一心，就能發揮驚人的強大力量！

北中美代表隊 ANIMAL FOOTBALL WORLDCUP | North & Center America

FW
美洲獅
FW
負鼠
MF
大角羊
MF
美洲黑熊
MF
臭鼬
MF
雪羊
DF
美國短吻鱷
DF
加拿大馬鹿（紅鹿）
DF
美洲野牛
DF
白尾鹿
GK
浣熊

教練：郊狼

候補：FW短尾貓／FW狼／MF領西貒／DF馴鹿／GK灰熊（棕熊）

戰力分析

雖然綜觀整體找不到幾位身懷華麗技術的選手，但是牠們利用耐力上的優勢，以穩健的戰鬥方式尋找反攻的機會。雖然身形嬌小，卻擅長使用雙手的守門員浣熊選手。前鋒美洲獅選手在遇上空中戰及頂球時能夠大顯身手。此外，雖然在罰球區內很難引發讓裁判吹哨的情況，但是負鼠選手的演技太過逼真，有時候大家以為牠真的死掉了而出動救護車引起一陣騷動。在戰術方面，郊狼教練與狼選手各執己見、互不相讓。

亞洲／澳洲代表隊

ANIMAL FOOTBALL WORLDCUP | Asia & Australia

FW
豺
FW
條紋鬣狗
MF
西伯利亞虎
MF
大貓熊
MF
馬來貘
MF
日本野豬
DF
普氏野馬
DF
亞洲象
DF
亞洲黑熊
DF
山羌
GK
大長臂猿

教練：日本獼猴

候補：FW金貓／FW紅袋鼠／MF肆貓／DF袋熊／GK白手長臂猿

戰力分析

隊伍平衡度在所有參賽隊伍當中居冠。守門員由大長臂猿選手擔任，被譽為大會第一名的牠，是位可以在數公里遠處利用宏亮聲音下達指示的守護神。攻擊型邊後衛普氏野馬選手及山羌選手運動量極大，是發動邊路攻擊時不可或缺的角色。除此之外，大貓熊選手、馬來貘選手的雙舵陣（double volante）會讓敵隊選手以為黑白色的足球從場上瞬間消失，這種魔球也是一大武器。日本獼猴教練在對場上的選手興奮地下達指示時，臉會變得紅通通的。

實力急速上升中
本屆大會的黑馬！

	亞澳	非洲	歐洲	北中美	南美	勝/敗/和	得失分	名次
亞澳	-	2-1	0-1	1-2	2-2	2/1/1	-1	2
非洲	3-2	-	2-1	1-2	3-2	3/1/0	2	1
歐洲	1-2	1-3	-	1-1	2-1	1/2/1	-2	5
北中美	1-0	1-1	0-1	-	1-2	1/2/1	-1	4
南美	3-2	1-2	0-1	3-1	-	2/2/0	1	3

結果

累計最多勝場數
3勝的非洲隊優勝

1 非洲
2 亞洲／澳洲
3 南美
4 北中美
5 歐洲

總評 和預測一樣，是非洲隊奪冠。亞洲／澳洲隊以精彩的表現榮登第二名。南美隊在對抗歐洲隊時補時失分，戰敗的悔恨令人捶胸頓足。北中美隊雖然失分較少，但是欠缺判斷力。歐洲隊因為得失分差敬陪末座，但比賽表現還算不錯。下一屆四年後的大會預定於中東的杜拜舉辦。

決戰　非洲代表隊VS亞洲／澳洲代表隊

貓熊密技!!
「看不見的盤球」!!
什…
那是!?
球消失了耶!?
怎麼可能
大家冷靜點…
就這樣先馳得點吧
喂—
啊

這一招大大刺激了非洲代表隊。動了真格的非洲隊以怒濤般的攻勢，在短時間內奪回3分，登上優勝寶座

無論是誰都擋不住非洲野犬選手、獵豹選手的高速盤球呢

第4章

球類運動

Ball Games

運用智慧、動態視力以及團隊合作，來回奔走於比賽場地的動物們。與球的共演或許會讓意外的能力覺醒！？

使用球拍擊球對打的球類運動。似乎最早可追溯至西元前，不過是由16世紀的法國貴族發揚光大。

在球場上迅速移動
用強勁的正手擊球
終結對手！
焦點選手
你的動作已經全被我看穿了！

最優秀的網球運動員

矮雞

選手簡介

力量
記憶力
機敏度
毅力
動態視力

出身地 越南
飲食生活 種子、蟲
性格分析 熱血過頭的男兒

網球需要妥善使用全身的肌肉，其中，**能否熟練運用**與膝蓋屈伸有重要關聯性的股四頭肌、**使出猛烈正手擊球所需的胸大肌，更是關鍵所在**。備受矚目的是矮雞選手。鳥類為了順利飛行，骨骼經過輕量化，卻也具備能讓自己身體起飛的強韌肌肉塊。而且軀幹不會翻轉得太厲害。身為雞種之一的矮雞選手**也很擅長**唯有雉科動物才能做到的**高速之字形移動**，有利於攻防。

預想

利用左彎右拐的靈活動作 加上動態視力壓制對手

矮雞選手身形嬌小且尾羽經常朝上，因而有利於左彎右拐，擅長在狹窄的地方迅速迴轉，遇到近身戰、回合球（rally）時特別強悍。**動態視力遠比哺乳類動物來得好**，不僅能看穿靠近邊線的球到底是落在界內還是界外，就連對手發球時一瞬間的重心腳方向及球拍角度都能判讀。

再者，**好勝心強的牠絕對不會中途認輸，遇到強勁的對手照樣挑戰不誤**。只不過，牠不擅長數數，很快就會搞不清楚比賽計分狀況。或許牠很不擅長因應戰況去微調比賽策略也說不定。

主要出場選手

◎矮雞
○黑猩猩
▲維氏冕狐猴
△[耳郭]狐

結果

接招吧！ 必殺技

金 矮雞
銀 黑猩猩
銅 維氏冕狐猴

我在該飛的時候就會飛起來！！
喔呀啊啊啊！！
出、出現啦！是矮雞選手的必殺技「空中矮雞」啊!!
咚鏗——ン
什…什麼
…好、好近…
啊
…不小心飛太遠了
喂—!!

矮雞選手有點飛過頭了

不過，矮雞選手的優勢並沒有改變呢

再多了解一點這項競技吧！ 據說網球英文Tennis是從發球時的喊聲「Tenez（接球囉！）」演變而來。第一屆奧運時就開始採用了。網球四大公開賽分別是：澳洲網球公開賽、法國網球公開賽、溫布頓網球錦標賽和美國網球公開賽。附帶一提，網球普及地法國的國鳥是雞。

球類運動 | 競技項目 **籃球**

Ball Games | Basketball

一隊5人，以手運球、傳球，將球投入對手球場籃框的球類運動。

迅速切換攻守
無明星陣容前來挑戰！

焦點選手

遇到巨大的對手，就用數量來決勝負！

有「紅狼」之稱的軍團

豺

選手簡介

敏捷度 ▰▰▰▰▰　毅力 ▰▰▰▰▰
合作 ▰▰▰▰▰　體力 ▰▰▰▰▰
健壯度 ▰▰▰▰

出身地：中國

飲食生活：鹿

性格分析：特種部隊般的類型

儘管籃球是一種對大型選手有利的項目，但在身形偏小的動物當中仍有引人注目的隊伍——豺選手團。**雖然豺是跟柴犬差不多大的小型犬科動物，卻素有「紅狼」之稱、被眾人所恐懼**。除了會從虎、豹、熊等動物手中奪取獵物之外，在襲擊水牛等大型獵物時，**大家會像大力灌籃般跳起並咬住敵人的肛門**。是個靠團結力擊倒遠比自己龐大的獵物，這是一個擁有熱情之心的運動家集團。

預想

與同伴組成隊形 引出獵物的戰術

豺選手團利用戰術「五小陣容」來彌補身形矮小的缺陷。首先，由於牠們長得矮，所以會在長草叢中跳躍著尋覓獵物，**接著組成一列橫排的隊形，一步一步行進來逼出躲起來的動物再給予致命一擊。**只要豺群有5隻成員左右，就能像籃球戰術「擋拆」一樣巧妙地展開攻勢，讓敵方動作變得遲緩。有時不幸狩獵行動**失利時，便會嘎呀嘎呀地交互嚎叫，大家還會在同一個地方撒尿藉此凝聚團結向心力。**

主要出場選手

◎豺
○長頸鹿
▲轉角牛羚
△黑猩猩

結果

分身術!?

金 豺
銀 長頸鹿
銅 轉角牛羚

之後比賽重新開始。豺選手團展現了過人的合作技術

長頸鹿選手團被豺選手團的速度攪得七葷八素呢

再多了解一點這項競技吧！ 不只奧運，FIBA世界盃籃球賽也是每四年舉辦一次。世界最頂尖的籃球聯賽則有美國的NBA。

6人制，用3次以內的碰球動作將球打回對手場地。
25分制，先贏得3局的隊伍勝出（僅第五局為15分制）。

焦點選手

許多犰狳齊聚一堂 以鐵壁防守迎戰！

不管是什麼樣的攻擊都擋得住！

最強的接球軍團

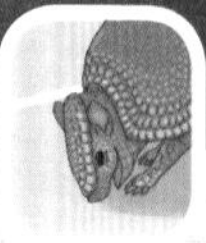

犰狳

選手簡介

健壯度　毅力
合作　體力
敏捷度

- 出身地：阿根廷
- 飲食生活：白蟻、蚯蚓
- 性格分析：不會冒險的穩重類型

雖然在排球當中，主掌攻擊的前排球員由高個來擔任較為有利，但是**負責防守的後排球員大多是矮小的人占有優勢。**備受矚目的是南美的犰狳選手團。大犰狳體長100cm、體重30kg，體型堪比大型犬種，不過也有像倭犰狳這類體長10cm、體重100g、手掌大小的小型種類，在犰狳界有不少人才。**靠著得意絕招挖洞鍛鍊出來的腕力威猛無比，可以在場上小步疾行、盡情地四處奔走。**其實牠是個連游泳也很擅長的體育高手。

預想 總而言之就是 接球、接球、再接球

犰狳選手團最大的魅力就是身上的裝甲。**毛經過演化成了厚殼般的鱗狀構造，還具有就算被手槍射中也不會立即死亡的硬度。**由於排球可以用手以外的部位碰球，所以利用這副裝甲就可以不停地接球。

基本上牠們所使用的戰術就是持續接球，不過沒有攻擊手這點仍是一個重大的課題。由於犰狳原本就是獨自生活的動物，所以不太適合講求團隊合作的比賽，也因此，把握技術暫停時間（TTO）來提升隊伍的流暢度也很重要。

主要出場選手

◎犰狳
○黑猩猩
▲大貓熊
△浣熊

結果 打亂節奏的秘密對策？

金 犰狳
銀 黑猩猩
銅 大貓熊

緊接著是黑猩猩隊與犰狳隊的比賽
吃我這招!!
由黑猩猩隊率先發球
等一下你幹嘛啦～
嘿一
哇
球在這裡唷

發生了把球跟犰狳選手搞混的罕見事件

黑猩猩選手團這次狀態不佳呢。出現了連續失誤

再多了解一點這項競技吧！ 奧運、世界排球錦標賽、世界盃排球賽、世界大冠軍盃排球賽合稱排球四大賽事。除了個人技之外，使用暗號的戰術等等也很有看頭。

桌球（團體賽）

使用球拍在桌面上擊球對打，比賽得分。
11分制，先贏3局或4局者勝出。

個性狂暴又糾纏不休
展開窮追不捨的連續對打攻勢！

我就是日本桌
球界的王牌！
焦點
選手

以超攻擊型戰術進攻！

綠雉

選手簡介

力量	■■■□□	脾氣	■■■■■
機敏度	■■■■■	毅力	■■■■■
動態視力	■■■■■		

出身地 日本

飲食生活 種子、蟲

性格分析 情緒鬼打牆的類型

小小的球以超過100km的時速交互飛過，選手在略小於3m的球桌上以1mm為單位伺機而動，這是一種充滿力量卻又細膩的競技，外行人光是要用眼睛跟上專業人士打出的球都很困難了。**引領日本隊的王牌是綠雉選手**。鳥類擁有的動態視力可以一眼看穿會動的物體，而且反射神經絕佳。其中尤以綠雉**好勝心極強又個性暴躁，會糾纏不休地使出同樣的攻擊**，可以期待牠在連續對打時發揮堅強的實力。

預想

看到球拍的紅色就很興奮 大聲鳴叫著威嚇對手！

公綠雉**一身青綠色等美麗的羽毛，在眼部周圍有著鮮紅色的肉垂，散發一股幹勁十足的風格**。正值繁殖期的公鳥會對紅色物體有所反應、使出激烈的攻擊，所以要是在比賽中見到競爭對手球拍上的顏色，想必會燃起異常高昂的鬥志吧。

此外，有些實力強勁的選手在得分時會喊出「薩——！」或是「丘咧！」這類招牌口頭禪，**而綠雉選手在被挑釁或是興奮的時候，也會用足以響徹森林的音量「肯——」地大叫。**

主要出場選手

◎日本隊（綠雉、鼠兔、對馬山貓）
○中國隊（大貓熊、金絲猴、羚牛）
▲德國隊（狼、歐亞猞猁、小烏鵰）
△韓國隊（朝鮮山貓、獐、白頭鶴）

結果

綠雉的傲慢心

金 日本隊
銀 中國隊
銅 德國隊

日本王牌綠雉選手的扣殺技術真是厲害啊！

真是精彩哇，日本隊。首次出戰團體賽就拿下金牌！

再多了解一點這項競技吧！ 該競技源自於亞洲，在19世紀末傳入歐洲的貴族，到了20世紀普及至全世界。雖然有個人賽及團體賽（3人），不過世界桌球錦標賽的賽制比較罕見，是隔年交互著舉辦個人賽及團體賽。

球類運動｜競技項目

羽球

Ball Games | Badminton

隔著網子，使用球拍擊球對打，比賽得分。
21分制，先贏2局者勝出。

靠著對快速移動物體的反射行為把羽球打回去！

焦點選手

一不小心就把
手伸出去了

武器是超高速殺球

亞洲黑熊

選手簡介

力量	■■■■■	協調性	■□□□□
機敏度	■■■■□	毅力	■■■□□
反射力	■■■■■		

出身地 日本

飲食生活 小動物、樹果

性格分析 心思細膩，可一旦理智斷線就會發狂

羽球在所有球類運動當中，球（羽球）的初速是最快的，會超過時速400km。**光有動態視力還不足以應付這種球速，反射性的反擊能力更是必要。**這項競技最被看好的是亞洲黑熊選手。**熊在面對快速移動的物體時，具有反射性做出反應的習性。**比方說，公熊之間在打架時，若被對方摑掌便會反射性地摑回去。當對方逃跑，我方就追上去。可以在羽球運動中一展這項長才。

預想

儘管身體能力卓越 卻不適合雙打比賽

亞洲黑熊選手的腳速**其實很快，跟參加奧運的短跑選手有得比**。除此之外，當飼育人員使盡全力**將花生擲給人為飼育下的熊時，牠們輕輕鬆鬆就能用嘴巴接住，擁有絕佳的運動神經與專注力**。作為武器的揮掌動作比貓拳更快，還能夠長時間維持站立姿勢。可以說金牌已是牠的囊中之物了。

只不過，牠獨立性強、個性急躁且毫無協調性可言，所以不適合參加雙打比賽。日本代表棕熊與亞洲黑熊的夢幻共演——「棕黑」組合，看來是無法實現了。

主要出場選手

◎亞洲黑熊
○藪貓
▲短尾貓
△浣熊

結果

唯獨那裡不行！

金 藪貓
銀 短尾貓
銅 浣熊

重擊
哎呀！球打到亞洲黑熊選手的臉上去了～!!
看起來超痛的…
真、真是抱歉 我不是故意的…
慌張…
……
受不了…我要回家…!!
轉身
唏
因為鼻尖是亞洲黑熊的弱點

亞洲黑熊選手竟然棄權了！

牠被羽球擊中要害，戰意全失了呢

再多了解一點這項競技吧！ 除了奧運舉辦年以外，世界羽球錦標賽年年都會舉辦。羽球是將鳥羽接在軟木上製作而成的球具，有獨特的運動軌跡。

高爾夫球

利用名為高爾夫球桿的器具將靜止的球打進球洞，比賽誰用的桿數比較少。

紳士的運動
漆黑英雄參見!?

焦點選手

我只不過是
喜歡高爾夫
球罷了……

尚有發揮空間的實力選手

烏鴉

選手簡介

智力 ■■■■■　毅力 ■■■■■
空間認知 ■■■■■　體力 ■■■■■
專注力 ■■■■■

出身地 英國
飲食生活 蟲、樹果、廚餘
性格分析 知識型黑幫分子

在高爾夫術語中，比某一球洞所規定的揮桿次數（標準桿）少1桿進洞就稱為小鳥（Birdie），少2桿為老鷹（Eagle），少3桿為信天翁（Albatross），少4桿則為三鷹球（Condor）。就**高爾夫運動和鳥類特別有緣**這一點來看，焦點選手是烏鴉。愛球成癡的烏鴉選手經常在世界各地的高爾夫球場上出沒，叼走、藏起高爾夫球等**各式各樣的惡作劇行為，讓牠成了惹人厭的對象。**

預想

有一張黑色臉孔的智慧型高爾夫球運動員

烏鴉是鳥類當中最聰明的，只需15分鐘就可以了解高爾夫球的規則。除此之外，對於地形的空間認知能力也很高，所以能夠理解場地特性並擬定作戰策略。不但個性謹慎、細心，**記憶力與專注力也很厲害**。討厭輸的個性再加上進取心，讓牠不會犯兩次同樣的錯誤。

不過這位潛力高、發揮空間大的運動員，其實也有著不為人知的一面。由於積習難改的緣故，牠會偷拿其他選手的球藏入懷中。這個壞毛病或許會讓牠失去資格也說不定。

主要出場選手

◎烏鴉
○鯨頭鸛
▲跳岩企鵝
△糞金龜

結果

烏鴉的密技

金 鯨頭鸛
銀 跳岩企鵝
銅 糞金龜

最有望贏得優勝的烏鴉選手竟然失格了

是紳士運動中不該有的行為呢

再多了解一點這項競技吧！ 一回合有18種球洞，得先判讀斜度、草木生長狀況、風力風向等條件再揮桿。

球類運動 | **競技項目**

橄欖球

Ball Games | Rugby

將橢圓形的球運至敵陣最深處等，比賽得分的球類運動。傳球給隊友的動作僅限向後傳。

焦點選手

控球技術 在動物界無人能及！

丟出去的話會不會像蛋一樣破掉呀？

團結力量大，目標是抱回獎牌！

侏獴

選手簡介

傳球	■■■■■	毅力	■■■■■
團結力	■■■■■	體力	■■■■■
健壯度	■■■■■		

出身地 坦尚尼亞

飲食生活 蟲、蛋、小動物

性格分析 埋頭苦幹，工作越攬越多

隊伍的團結力自不用說，面對難以掌控的橢圓形球，熟練的控球技術更顯重要。備受矚目的是來自非洲的侏獴選手團。**雖然在獴科當中屬於體型偏小的種類，運動量卻十分驚人**。牠們擁有寬廣的領地，**對於擴張地盤有著用不完的精力，也因此個性上非常適合投入橄欖球運動**。由15隻左右所組成的群體羈絆很強，處處以家人為重，母獴勤於照顧弟弟妹妹，對後輩的養育也毫不馬虎。

預想

雖然團結力量大
卻有很多公獴生性懦弱

侏獴選手最大的優勢在於，平常就會做出像橄欖球運動一樣的行為。牠最愛吃的食物就是鳥蛋，一發現蛋便會像橄欖球選手一樣抱走，**再從胯下往岩石用力擊破蛋殼、食用蛋液**。困難的控球對侏獴而言根本就是小菜一碟。

除此之外，**遇到眼鏡蛇這類強敵時，也可以看見全體成員群起對抗**、做出「滋擾行為（mobbing）」的情景，這些都是團結力強大的證明。只不過，首領都是由雌性擔任，所以族群裡的公獴以靠不住的軟腳蝦居多。

主要出場選手

◎麝牛
○瞪羚
▲侏獴
△眼鏡蛇

結果

金 麝牛
銀 侏獴
銅 瞪羚

家務事

咻
給你!!
上啊!!
咚咚咚咚咚
不行了
傳球…
咦，怎麼都沒有人啊～？
哭哭 啼啼
你是男人吧!! 給我突破!!
我們忙著育兒沒空啦!!
啊—
好乖 好乖♡

家族隊伍會有的問題浮出水面了呢

決賽最終由麝牛選手團獲勝

再多了解一點這項競技吧！ 據說橄欖球項目創立的契機，是源自於19世紀在英國舉辦的一場足球比賽中，突然有人用手抱球衝向敵方球門。

棒球王者爭霸戰！
各國代表決戰！

動物WBC
世界棒球經典賽
WORLD BASEBALL CLASSIC

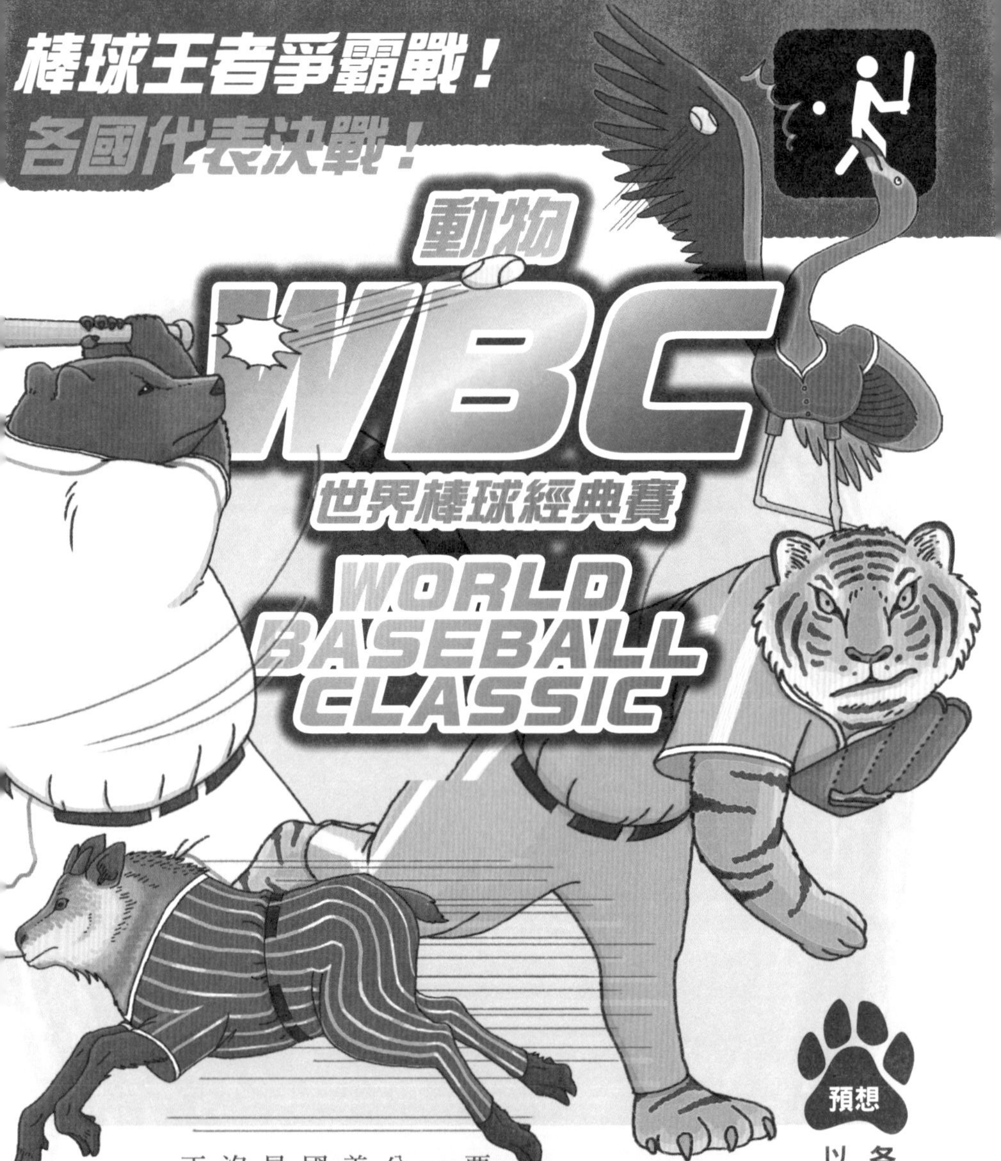

預想

各國精選出的動物們皆以站上世界頂點為目標！

只有與隊友互相信賴、重視團隊合作、攻跑守三面均衡的隊伍才有資格成為霸主的棒球運動。這場決定誰是世界第一、每四年舉辦一次的盛會「世界棒球經典賽」終於要開幕了。各國代表隊齊聚一堂，有四個國家脫穎而出。分別奪得上一屆冠軍、亞軍的美國、日本皆順利晉級，韓國、哥斯大黎加也有海外明星選手助陣，勢如破竹。一部沒有劇本的全新故事，如今正要開始。

獨家新聞！焦點選手的自主練習

本刊記者將為您全力報導焦點選手。這次要介紹的是自琉球工業高中畢業、棒球職涯邁入第二年就入選代表隊的琉球野豬選手。牠是八位兄弟姊妹中的長子。為了家人希望自己可以有活躍表現，在夏威夷自主練習時揮灑的汗水熠熠生輝。

四強的勝負趨勢？

從預賽中脫穎而出的四個隊伍齊聚一堂，準決賽及決賽將以淘汰制進行對戰來決定名次。

相關人士的評論

長鬃山羊先生

果然還是日本會贏吧。因為我從第一屆優勝開始就看著牠們一路走來

加拿大馬鹿先生

這次也是美國會贏吧。Yay！

豐山犬小姐

希望韓國好好加油！大韓民國萬歲！

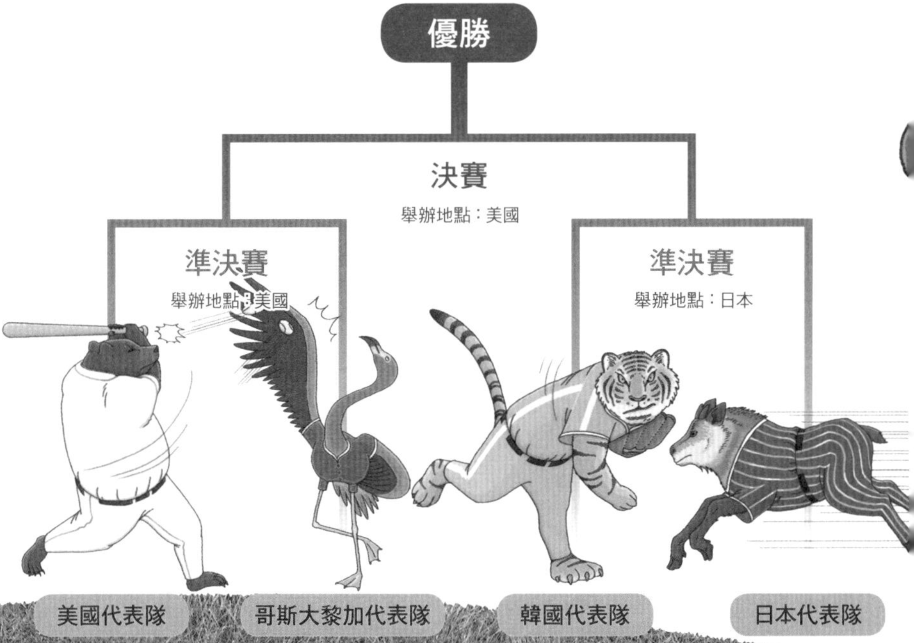
優勝
決賽
舉辦地點：美國
準決賽
舉辦地點：美國
準決賽
舉辦地點：日本
美國代表隊
哥斯大黎加代表隊
韓國代表隊
日本代表隊

日本代表隊 ANIMAL WORLD BASEBALL CLASSIC | Japan

NIHONZARU
16
功、跑、守
全力打棒球！

戰力分析

活躍於日本職業棒球場上的人氣選手雲集而至。還有隸屬於大聯盟的日本獼猴投手也為了WBC回歸日本。牠的指叉球所帶來的奪三振秀備受矚目。而過去也曾活躍於大聯盟的浣熊選手如今取得了日本國籍，牠的加入讓陣容更加豪華。以奪冠為目標，均衡的隊伍戰力。

VS

韓國代表隊 ANIMAL WORLD BASEBALL CLASSIC | South Korea

滅絕動物參戰
戰力大幅提升！

戰力分析

有了活躍於大聯盟的朝鮮鼬選手、豺選手的加入，以及曾在鄰近北韓的國境（38度線）周邊生活且應該已經滅絕的朝鮮虎選手、華北豹選手參戰，使得韓國隊登上了世界新聞頭條，一時蔚為話題。毫無疑問具有大聯盟等級的實力，甚至有傳言指出大聯盟世界隊的星探已經找上門了呢。

韓國代表隊	日本代表隊
1. 朝鮮鼬⑧	1. 日本鼬④
2. 獐⑦	2. 屋久鹿⑨
3. 華北豹④	3. 琉球野豬⑤
4. 朝鮮虎 DH	4. 棕熊②
5. 豺⑤	5. 日本長鬃山羊⑧
6. 朝鮮山貓⑥	6. 浣熊 DH
7. 韓國野兔⑨	7. 對馬山貓⑦
8. 亞洲黑熊②	8. 北狐⑥
9. 荷氏小麝鼩③	9. 貉③
投手 朝鮮水獺①	投手 日本獼猴①
候補 麝鹿	候補 亞洲黑熊
教練 喜鵲	教練 小鬚鯨

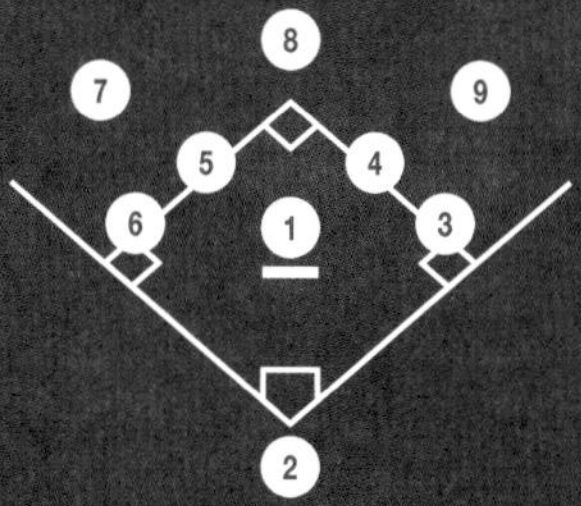

8
7
9
5
4
6
1
3
2

※ ①～⑨是守備位置

準決賽第一戰

結果

這個從美國來的可惡外來種!!看我把你驅逐出境!!
朝鮮水獺選手
可笑!!我們的蹤跡早就遍及全世界了
浣熊選手
我都忘了…聽說你們是瀕危物種來著？抱歉啊（笑）
不准提這件事——!!
嗶
咻
鏗
太嫩了!!
嗚哇啊啊啊啊
浣熊的動搖作戰成功

好一場精彩的投手戰啊。浣熊選手沒有放過那顆好打的球，漂亮地擊飛出去了。日本獼猴選手，完封

韓國的華北豹選手、朝鮮虎選手受不了日本酷熱的天氣，整個人筋疲力盡、萎靡不振

韓國代表隊		日本代表隊
0	-	1

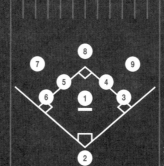

美國代表隊 ANIMAL WORLD BASEBALL CLASSIC | America

具有王者風範的
Powerful
Baseball！
US

戰力分析

上屆大會的霸主。投手、野手成員沿用與上屆相同的陣容，正是經驗與實戰成果獲得肯定、深受信賴的證明。獨得三冠王、MVP榮耀的狼選手，如今實力也更為精湛。背號18的投手草原犬鼠選手以堪稱世界最美的投球姿勢活躍於場上，使得相關紀念商品的銷售額也連帶創下新高紀錄。

VS

哥斯大黎加代表隊 ANIMAL WORLD BASEBALL CLASSIC | Costa Rica

實力選手出征
全明星隊伍！！
HERCULE OOKABU
60

戰力分析

利用獨特姿勢量產特大全壘打的赫克力士長戟大兜蟲選手，在大聯盟也是頂尖的首席打者。除此之外，大紅鶴選手稻草人式打擊法的長打力，則讓人聯想到了世界全壘打王王貞治。中外野手墨西哥兔唇蝠選手的寬廣守備範圍以及雷射肩傳球美技，都是極為有利的武器。

哥斯大黎加代表隊	美國代表隊
1. 小安德烈斯島鬣蜥④	1. 美洲獅⑦
2. 負鼠②	2. 北美豪豬⑧
3. 大紅鶴⑦	3. 郊狼⑤
4. 赫克力士長戟大兜蟲③	4. 狼⑨
5. 墨西哥兔唇蝠⑧	5. 美洲黑熊 DH
6. 棕櫚鵰⑨	6. 美洲野牛 ③
7. 多明尼加變色蜥⑤	7. 棕熊②
8. 多明尼加地蟹⑥	8. 浣熊⑥
9. 溝齒鼩 DH	9. 美洲河狸 ④
投手 刺豚鼠①	投手 草原犬鼠①
候補 蜂鳥	候補 花栗鼠
教練 革龜	教練 加州海獅

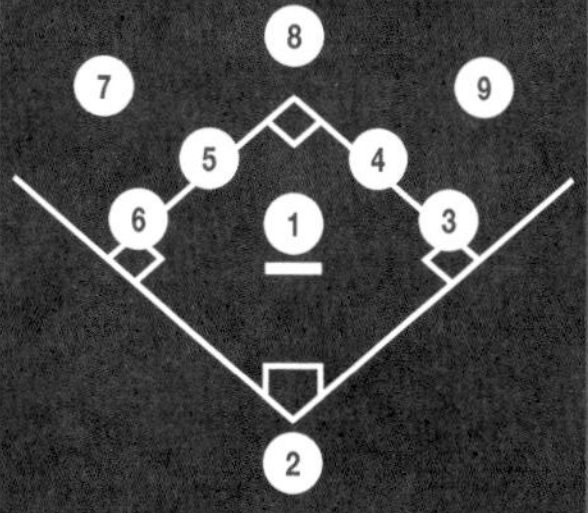

※ ①～⑨是守備位置

準決賽第二戰 結果

相當厲害的打擊戰。尤其是美國代表隊狼選手的完全打擊，太精彩啦！

在比賽最後，透過資料分析所布下的絕佳防守，把哥斯大黎加代表隊的全壘打給擋下來了

美國代表隊		哥斯大黎加代表隊
7	-	6

決賽　美國代表隊VS日本代表隊

結果

1 日本
2 美國
3 韓國
4 哥斯大黎加

總評

時隔兩屆大會，日本代表隊達成奪回王座的霸業，榮登第一。上屆王者美國代表隊成了第二名。在季軍爭奪戰中，韓國代表隊朝鮮虎選手展現了三分全壘打等活躍表現，讓哥斯大黎加代表隊吞下3比1的敗績，最終拿下第三名。

草原犬鼠選手的好投接連不斷
嘖嘖
輪到7號對馬山貓選手上場
我很清楚哦…
儘管你名字裡有個「犬」字，卻跟狗一點關係也沒有…
是鼠類吧你怎麼看都是
…
鏗—
無力~
哼
這次是日本打者打破僵局~!!
0 - 1
美國代表隊
日本代表隊

日本代表隊真的卯足了全力。好一場精彩亮眼的比賽啊

本屆大會MVP由日本代表隊的投手日本獼猴選手獲選

第 5 章

室外運動

Outdoor Competition

將風、浪等自然之力收為己用的選手才有機會得勝的室外運動。運用未知的能力，前所未見的戰鬥即將展開！

射擊／射箭

使用槍或弓箭射擊遠方的標靶，比賽誰的準確度高。

焦點選手

從水中發射精準命中目標的射擊高手！

再小的蟲也可以一擊必殺！

不會放過自己盯上的獵物

射水魚

選手簡介

射擊 ■■■■■
報復心 ■■■■■
敏捷度 ■■■■■
體力 ■■■■■
計算 ■■■■■

出身地：寮國
飲食生活：過於偏重蟲子
性格分析：本領高強的類型

對原屬於草食性動物的人類而言，能從遠處攻擊對手的弓箭及槍砲是具有跨時代意義的產物。會採用與這些發明相同戰術的動物為數不多。其中，來自東南亞的射水魚選手正如其名，**可將儲存在口中的水像子彈一樣噴射出去**。牠是**動物界的孤高狙擊手**，會從下方擊落停駐在紅樹林葉上的小蟲，趁牠們掉下來的瞬間一口吃掉。雖然用的是水砲就是了……。

獨家新聞！射水魚選手的秘密

- 有很多假名（高射砲魚、槍手魚等等）
- 男的沉默寡言
- 不喜歡有人站在自己身後
- 不會同時接受兩件委託
- 主要往來銀行是瑞士銀行
- 付款都是用不連號的舊美鈔
- 想要的東西：雷朋的太陽眼鏡
- 喜歡的香菸品牌：Little Cigar
- 愛看的書：《骷髏13》

超A級狙擊手無人能敵？

以動物界第一狙擊精準度自豪的A級狙擊手的秘密，馬上帶您一探究竟。

（飼育人員）

幼魚時期嘴巴尚小，子彈（水量）也很小，所以還沒辦法狙擊。只有成魚才做得到唷。

（選手T）

一開始也有很多不中用的傢伙唷。因為是水砲，所以這種反擊打到天敵身上根本不痛不癢。

練習場景

競爭對手駱馬選手將反芻的草吐了出來，正中目標。要是不小心沾到身上，那股味道會很難散去。

駱馬選手全心全意練習著。不過，牠噴出的東西人人避之唯恐不及～

沒錯～。因為說白一點那就是嘔吐物嘛……

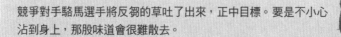

預想

利用技壓群雄的計算能力展現最高等級的射擊技術！

射水魚選手的射擊精準度非常高。雖然體長只有20cm左右，卻可以準確命中1m以外的獵物。**之所以能夠成為名狙擊手，正是因為牠在射擊這方面的計算能力十分高強。**就算水中與空氣中的光折射率不同，仍能在水裡計算出正確角度、瞄準目標。只不過，牠是個怕麻煩的類型，所以有時也會不動用水砲，直接跳出水面捕捉獵物。此外，**由於子彈是水做的，所以彈痕並不明顯，每次判定都要稍做紀錄。**

競爭對手駱馬選手是發射反芻的草加上胃液混合而成的特製臭液。而射毒眼鏡蛇選手則會射出噴到眼睛恐會失明的劇毒。聚集了不少堪稱奇人異士的選手。

主要出場選手

◎射水魚
○駱馬
▲變色龍
△射毒眼鏡蛇

我是動物界的
A級狙擊手

射水魚

已經做好了
隨時發射的
準備

射毒眼鏡蛇

對於看不順眼
的傢伙，我一
向直言不諱

駱馬

我用的不是遠程
武器，不知道有
沒有關係……

變色龍

金 駱馬

銀 射毒眼鏡蛇

銅 芋螺

結果

恃才（射擊能力）傲物

動物川柳

就連裁判也　在電光石火之間　升天成佛了

再多了解一點這項競技吧！ 射擊運動有：擊打固定標靶的「步槍射擊」、擊打被丟至空中的移動標靶的「飛靶射擊」等等。射箭運動要射擊位於射程70m處的直徑122cm標靶。

自由車

自1896年第一屆雅典奧運起即為正式項目。
以各式各樣的競技比賽名次。

帶著騎腳踏車的技術與灼熱的戰意挑戰！

焦點選手

比賽結束之後，還有馬戲團的練習啊

腳踏車是熊的獨門絕技

棕熊

選手簡介

腳踏車 ■■■■■　毅力 ■■■■■
靈活度 ■■■■■　體力 ■■■■■
健壯度 ■■■■■

出身地　俄羅斯
飲食生活　小動物、樹果
性格分析　個性陰晴不定的類型

自由車場地賽需要獨特的訓練方法以及在勝負關鍵下正確判斷的能力，所以即便是其他項目的獎牌得主前來挑戰，也無法輕易勝出。備受矚目的是來自俄羅斯的棕熊選手，**牠擁有在俄羅斯傳統馬戲團騎腳踏車的實戰經驗**，必要的話連機車都可以騎。搶位的戰略、激烈的競爭，這類需要拿出不輸格鬥競技的鬥志全力比拚的競技，**也與熊類選手急躁又不喜歡輸的性格十分相配**。

預想 雖然具備充足實戰經驗 仍需面對心理上的課題

在自由車競技當中，運用整個腳底以絕佳效率將動力傳至腳踏板至關重要。很多動物都是用腳尖站立，**能像人類或熊一樣以腳跟觸地走路（蹠行性）的動物意外地少之又少。**

熊的手雖然不像靈長類一樣可以個別活動指頭，但是仍能利用發達的肉球與巨大的爪子抓取物品，抓握能力也相當不錯。只不過，有個令人擔心的地方在於，**當牠覺得自己快要輸掉的時候，想要賞人巴掌的衝動就會開始作怪。**也因此，目前正接受心理訓練師的指導。

主要出場選手

◎棕熊
○大貓熊
▲黑猩猩
△日本獼猴

結果

金 日本獼猴
銀 大貓熊
銅 棕熊

巨大的牆壁

最後一圈了!!
哈哈哈 你們別想越過本大爺的牆壁！
咻
！
哎唷 在逼近終點時超過了棕熊選手!!
你們這些傢伙竟敢把我當成擋風的道具!!
這是老方法了唷～

看來棕熊選手被其他選手當成巨大牆壁利用了呢

在最後的最後出現了逆轉勝！

附帶一提人類的紀錄是？ 2004年 克里斯・霍伊（英國）的1分00秒711（自由車場地1km計時賽）。

自由車競技有多種項目，像是BMX、公路賽、場地賽等等，可看之處各不相同。

在2000m或1000m的直線水上賽道划船，比賽名次。依人數、體重等條件細分項目。

焦點選手

靠著親子的團隊合作 保持步調一致、划船行進

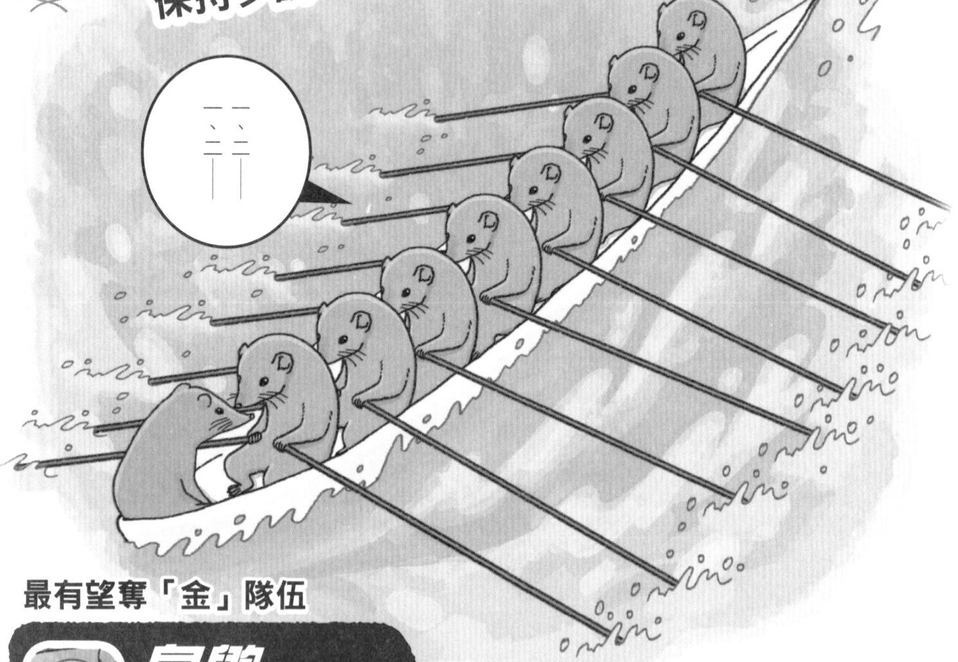

最有望奪「金」隊伍

臭鼩

選手簡介

力量 ■■■■■ 毅力 ■■■■■
合作 ■■■■■ 體力 ■■■■■
游泳 ■■■■■

- **出身地** 柬埔寨
- **飲食生活** 蚯蚓、蟲
- **性格分析** 量力而為、朝自己的目標前進

划船競技是根據體重分級，不過，在挑戰輕量級的隊伍當中最受矚目的是臭鼩選手團。臭鼩有多輕？是**哺乳類當中最小最輕**。雖然名字有個鼠字邊，但是在生物學上和老鼠完全不同，反而跟鼴鼠是近親。**牠們有一身能夠防水的美麗毛皮，也很擅長游泳**，所以完全不會對水心生恐懼。和鼠類相異，臭鼩屬於純肉食性動物，所以面對比賽也會燃起鬥志全力挑戰。

預想 把篷車隊行為應用到划船競技上！

臭鼬通常是單獨活動，不過母子之間會出現「篷車隊行為」。所謂篷車隊行為，就是指年幼的孩子銜住母親尾巴，一隻接一隻照順序連成一列的行為，那模樣**就像是小孩子玩的搭火車遊戲，一邊喊著「一、二，一、二」一邊整齊踏步前進**。

有這種習性的臭鼬選手團，只要將團隊合作的默契與步調一致的動作應用到划船運動上，想必能夠創下相當可觀的紀錄。因為勝利而興奮的話，搞不好還會飄出**麝香甜甜的香味**呢。

主要出場選手

◎臭鼬
○負鼠
▲海鬣蜥
△水黽

結果

母子的篷車隊行為

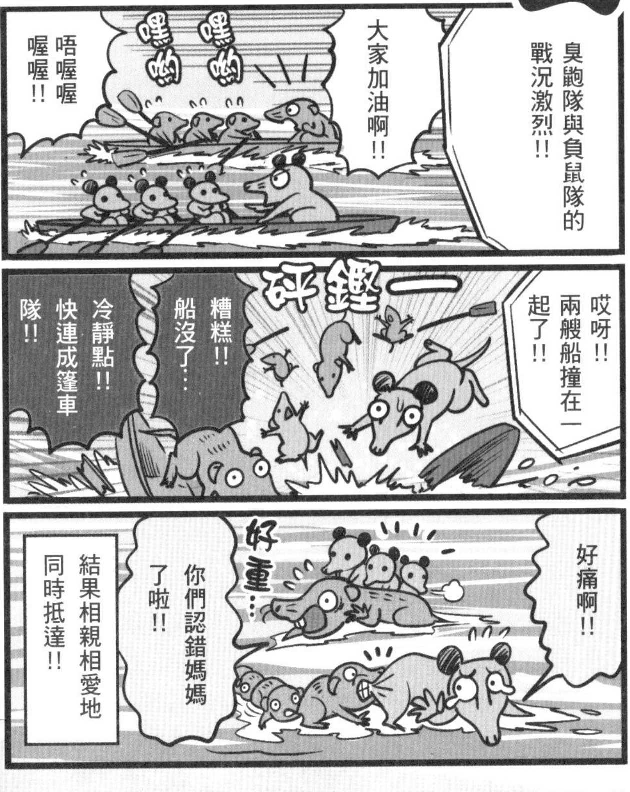

金 臭鼬
銀 負鼠
銅 海鬣蜥

臭鼬像蛇一樣連成一線抵達終點！

負鼠這邊是孩子們把家長當船坐，也抵達了終點

附帶一提人類的紀錄是？ 2017年 德國隊的1分19秒7（八人隊伍，500m×4的平均時間）。靜謐的水面上，整齊劃一的動作十分美麗，是種連1/100秒都要盡力爭取的競技。傳統而言，歐美的競技人口較多且強。

輕艇

Outdoor Competition | Canoe

有兩種競技：在無水流直線賽道較勁的「靜水競速」，以及在湍流比賽時間的「激流迴旋」。

在激流迴旋賽中發揮湍流中特訓的成果！

焦點選手

為了應付湍流，我的身體構造十分完美！

征服湍流的行家

湍鴨

選手簡介

力量 ■■■■□　毅力 ■■■■■
合作 ■■■■□　體力 ■■■■■
游泳 ■■■■■

出身地 阿根廷

飲食生活 過於偏重水生昆蟲

性格分析 興趣是戶外運動而且畢生踐行

在湍流上泛舟的激流迴旋賽由於沒有合適的練習場地，經常讓選手傷透了腦筋。也因此，備受矚目的是南美的湍鴨選手。牠們在世界上最美、最嚴峻的自然環境——**南美巴塔哥尼亞地區1500m以上高山的湍流中生活**。之所以選這塊土地為家，是因為沒有天敵能接近這個地方。實際上，湍鴨選手就生活在激流迴旋界的頂尖人類運動員會前去挑戰的地點，不會缺乏練習。

預想

從雛鳥就開始受超英才教育 有朝一日成為湍流的霸主

湍鴨選手的身體不同於一般鴨子，牠擁有適應急流的流線型構造。再加上翅膀上有爪子，所以身在湍流之中也能抓住岩石，而那雙帶蹼的腳爪也是又尖又長。牠們最厲害的地方在於，**打從尚不會游泳的雛鳥階段就被雙親要求要練習游泳，經過**超級斯巴達教育過程**洗禮之後竟然還能存活下來，想來著實不可思議。**

最大的競爭對手是日本的川鼠選手，不過，除了牠喜愛湍流這點以外，其他的個人資訊都還是一團謎。

主要出場選手

◎湍鴨
○川鼠
▲河烏
△水獺

結果

百折不撓

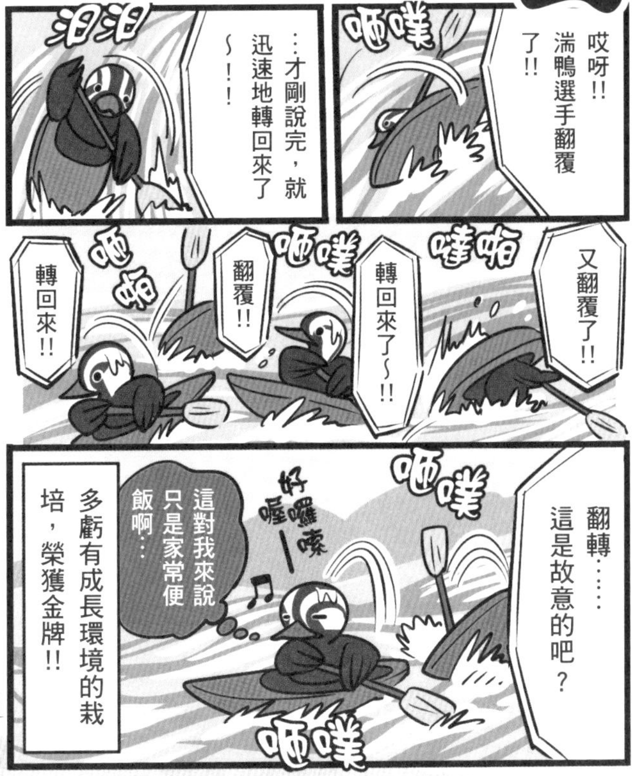

金 湍鴨
銀 川鼠
銅 河烏

在大部分選手都脫隊的狀況下，牠漂亮地抵達終點

是從小開始的練習累積而來的成果！

附帶一提人類的紀錄是？ 2011年 愛德華・麥吉佛（英國）的34秒627（200m輕艇靜水競速K-1）。輕艇有兩種，分別是加拿大式艇（C艇）和愛斯基摩艇（K艇）。

帆船

這項競技在過去被稱為「yacht」，選手繞行置於海面上的浮標，比賽名次。

解讀風的能力無人能出其右 能否善加利用是關鍵所在

焦點選手

天賦異稟的御風奇才

蜘蛛

選手簡介

洞察力　毅力
飛行　體力
泳技

出身地：澳洲
飲食生活：都是蟲
性格分析：很獨立自主的類型

帆船的比賽過程受到自然環境很大的影響，所以能夠判讀「風」這個眼睛看不到的外力到何種程度，即為該競技的要點所在。備受矚目的是蜘蛛選手。**在幼蛛會採取的行為當中，有一招「空飄」是使用吐出的絲線在空中飛翔。**體重較輕的蜘蛛想要帥在空中飛翔的話，靠細絲便足矣。移動能力較低的蜘蛛也會**乘風進行長距離遷移**，能在飛機或外海的船上捕捉到牠們的蹤影，就是說明其移動能力高強的證據。

預想

雖然具有感知風的能力 能否乘風而行是一大問題

與其說蜘蛛的「空飄（ballooning）」是針對季節、時間帶、從屁股吐出的絲線長度等條件進行「精密的計算」，不如說牠們仰賴的是「天生的本能」還更加適切。同一窩出生的兄弟姊妹會同時進行空飄，彷彿**生來就具備解讀風的洞察力**，是一個人才濟濟的運動員集團。

只不過，在帆船運動中最重要的倒不是「將風納為己用」，而是**在於「乘風順勢前行」**。能否利用風力順利抵達終點，是蜘蛛選手需要面對的課題。

主要出場選手

◎蜘蛛
○僧帽水母
▲飛蝨
△海龜

結果

宏大的啟程

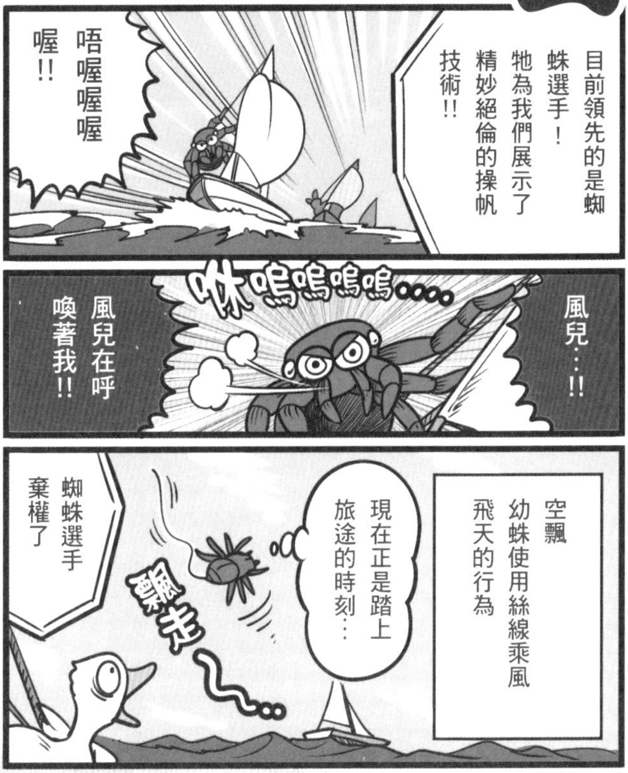
目前領先的是蜘蛛選手！牠為我們展示了精妙絕倫的操帆技術!!
唔喔喔喔喔!!
風兒…!!
咻嗚嗚嗚嗚……
風兒在呼喚著我!!
空飄 幼蛛使用絲線乘風飛天的行為
現在正是踏上旅途的時刻…
飄走
蜘蛛選手棄權了

金 僧帽水母
銀 飛蝨
銅 海龜

蜘蛛選手竟然就這樣乘著風飛走了

這種利用風力的方法不太正確呀！

再多了解一點這項競技吧！ 東京奧運男女共通項目有兩種（共四種）、僅限男性參加的項目有三種、僅限女性參加的項目有兩種、男女混合項目有一種，合計十種項目。能夠將多少浪與風這些大海自然之力納為己用，是決定勝敗的關鍵。

室外運動 ｜ 競技項目 **馬術**
Outdoor Competition | Equestrian

一種驅使動物的奧運競技，馬也會接受表揚。
與馬匹之間的信賴關係是勝敗關鍵。

異族動物搭檔 彼此心靈相通 一起挑戰競技！

焦點選手

我們可以合二為一（二心同體）！

領會騎馬的精髓
恆河猴

選手簡介

馬 術	■■■■■	毅 力	■■■■■
合 作	■■■■■	體 力	■■■■■
智 力	■■■■■		

出身地 中國

飲食生活 素食主義者

性格分析 因為太過驕傲而失敗

馬是一種非常獨特的動物，心甘情願時，**會允許別種動物騎在自己背上，而且還樂此不疲。**在世界各地的動物園裡，若彼此同為草食性動物且還算合得來的話，有時可以置放在同一個空間中同居展示。其中，身為騎手備受矚目的便是恆河猴選手。在人為飼育下的猴山中，恆**河猴善於駕馭同居動物蠻羊（野生山羊）等的**事蹟廣為人知，牠精湛的馬術表現值得期待。

146

預想

不光是馬術 馬兒的心也一手掌握

日本獼猴的親戚——恆河猴的求知慾極高，多加訓練的話，**只要給牠30分鐘就能夠精通騎馬的方法吧。**

這裡的重點在於自主性。恆河猴可以**從本質上理解騎乘在動物背上的樂趣。**不僅如此，牠還會為中意的「愛馬」蠻羊溫柔地梳理毛髮（grooming）。想要牢牢抓住情感細膩的馬兒的心，這個舉動就非常重要，也和猴馬一體的華麗表演息息相關。

主要出場選手

◎恆河猴
○阿拉伯狒狒
▲環尾狐猴
△猩猩

結果

不經意地回想起來

恆河猴選手用那完美的馭馬技術演示了華麗的跳躍。太精彩了！
騰空一躍
咚咚鏘咚
來唷跳一個
呀好可愛～
哇好厲害～
…嗯？你怎麼在哭？
擦
…想起了以前的一些事情

金 恆河猴
銀 阿拉伯狒狒
銅 環尾狐猴

恆河猴選手的表演相當精彩
抓住馬兒的心，達到猴馬一體的境界了呢

再多了解一點這項競技吧！ 有三種競技：比賽表演動作正確性與美觀度的「盛裝舞步（馬場馬術）」、按照指定順序越過障礙物的「障礙超越」、由同一組人馬通過前述兩項競技再加上越野障礙賽的「三日賽」。

室外運動｜競技項目

現代五項

Outdoor Competition | Modern Pentathlon

在一天內完成五種項目——擊劍、游泳、馬術、跑射聯項（射擊、賽跑）的究極複合式競技。

靠動物界最厲害的
運動能力與智力挑戰！
焦點選手
至少也要有金牌吧
到底會摘金、還是棄權呢？

狼

選手簡介

劍術　射擊
游泳　體力
馬術

出身地　西班牙

飲食生活　都是肉

性格分析　目標設定過高的類型

現代五項會進行四組項目：比瞬發力的擊劍、比力量與耐力的200m自由式游泳、比駕馭動物能力與技術的馬術（障礙超越）、射擊與800m賽跑。由於其中包含了光學會基礎要領就很花時間的項目，**體力自不用說，轉換頭腦、高精神力的培養也是必要的**。現代五項被稱為「運動之王」。在這個難度超高的競技當中，備受矚目的是狼選手。**牠是一位戰術家，同時也是速度超群、耐力佳、也很擅長游泳**的孤高殺手。

預想

做任何事都精明、能幹、俐落卻有著容易放棄的個性

狼平常就有巡視自己地盤的習慣，不會放過任何地形特性或是與前幾天的細微差異之處，**面對可能到來的緊急時刻，牠早已擬定好各種應變戰術。**擊劍、游泳為其拿手好戲，而馬只要被牠一瞪就會瞬間變得老老實實，戰慄著服從騎手下達的指令。在長距離奔跑之後立刻隱匿氣息，集中注意力在獵物身上（射擊）更是牠的家常便飯。

如此完美的狼選手，唯一的弱點就是**太聰明，導致牠很容易放棄、一下子就會中途棄權。**

主要出場選手

◎狼
○郊狼
▲胡狼
△斑點鬣狗

結果

究極的完美主義！

金 郊狼
銀 胡狼
銅 斑點鬣狗

直到剛才為止都還領先的狼選手，發生什麼事了呢
射擊的狀態不佳!!
怎麼樣都打不中靶!!
名次遠遠地落後了！
令人痛心啊!!
啊～啊
總覺得幹勁消失殆盡了
而且也放棄得太快了吧!!

狼選手在名次落後的那一剎就棄權了

完美主義到了這種地步，真傷腦筋啊

再多了解一點這項競技吧！ 選手照「擊劍」、「游泳」、「馬術」的總分得分差（1秒是4分）依序出發。使用雷射槍在50秒內打滿5個標靶的「射擊」以及800m「賽跑」得交互進行4次，最後抵達終點的順序即為最終名次。

衝浪

征服波浪的乘浪（riding）技巧是由評審來判定、評分，依分數決定勝負。

熟知波浪 被波浪愛著的 道地衝浪者！

焦點選手

打從心底享受衝浪

海豚

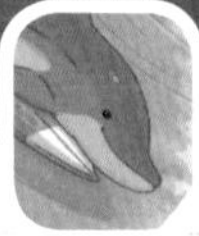

選手簡介

衝　浪 ■■■■□　情資力 ■■■■■
游　泳 ■■■■■　體　力 ■■■■□
智　力 ■■■■■

出身地 印尼

飲食生活 魚、烏賊、螃蟹

性格分析 開朗、喜歡大聲嚷嚷

衝浪運動有規定一個波浪上只能乘載一個人。最接近波峰的人握有優先權，所以**判讀出最好浪頭的能力就顯得很重要**，為爭奪優先權所採取的戰略將會左右勝敗。從假裝沒有要乘浪、假裝開始划水（paddling）這類動作，都可以看出選手之間的**心理戰如火如荼地展開**。備受矚目的是海豚選手。看家本領就是衝浪，也具有戰略方面的才能，可以期待一睹牠獨登巨浪的英姿。

預想

儘管衝浪技術一流 貪玩之心是一大考驗

海豚是找樂子的天才，實際上牠原本就會與同伴鑽入波管中衝浪，**跟人類一樣懂得玩味乘浪的刺激與爽快感**。除此之外，海豚身為哺乳類動物很容易藏汙納垢，所以會利用岩石摩擦身體表面來除垢，就好像衝浪板的除蠟工程。

令人擔心的地方在於海豚老愛胡搞瞎搞，會輕咬河魨**淺嚐毒素，讓自己陷入精神恍惚的狀態，以享受嗑藥般的迷幻感**。有可能會對表演造成不良影響，讓人不太放心。

主要出場選手

◎海豚
○大白鯊
▲海螢
△狼

結果

征服波浪的是誰？

金 海豚
銀 大白鯊
銅 狼

牠似乎徹底掌握了波浪的狀況呢

是海豚選手情報收集能力的勝利！

再多了解一點這項競技吧！ 是2020年東京奧運的新增項目。以短板表演乘浪技巧，由評審評分。會進行10道左右的乘浪，再根據分數最高的2道的總分來決定名次。

室外運動 | 競技項目 **滑板**

Outdoor Competition | Skateboard

根據特技（跳躍、空中動作、旋轉技等）的難易度高低、速度等進行評分的競技。

焦點選手
看我使出最強特技一決勝負！
奉華美為圭臬
用酷炫的表演
吸引觀眾！

全心全意立志稱王！

蜜獾

選手簡介

特技　毅力
敏捷度　體力
酷炫度

出身地：肯亞

飲食生活：小動物、蜂蜜

性格分析：街頭潮流系

儘管運用著高強體能在全力演出，卻仍可以展現酷炫、從容的一面，正是滑板運動的一貫作風。備受矚目的是來自非洲的蜜獾選手。**身穿黑白色嘻哈系運動衫，有如黑人饒舌歌手般華麗的打扮**。再加上比任何人都還要沸騰的熱血之心！能夠正面挑釁百獸之王獅子的大哥風範，讓牠以「**世界上最無所畏懼的動物**」登上金氏世界紀錄許久呢……。

預想 出類拔萃的運動能力以及強韌的心理素質

蜜獾選手屬於鼬科動物，所以身體柔軟、運動神經鶴立雞群，掌控姿勢的能力相當優秀，**毫無疑問能夠連續使出許多獨創神技**。牠還有個特技是，就算被毒性劇烈的眼鏡蛇咬至重傷陷入昏睡狀態，也只需半天時間就可以恢復，還不只這樣，陷入這等慘狀一點也不會感到沮喪，反而會為了吃眼鏡蛇繼續覓食，可見其**不畏正面對決的強大心理素質**！

不過說到牠最愛吃的食物，那就是蜂蜜了。別看蜜獾這樣，牠可是個甜食控，而且是對現採的蜂蜜愛到無法自拔的甜點男。

主要出場選手

◎蜜獾
○斑點鬣狗
▲狐獴
△禿鷲

結果

金 蜜獾
銀 斑點鬣狗
銅 狐獴

反差萌

蜜獾選手接二連三地使出高難度特技～!!
哇啊啊啊
喔喔喔～
哼…在下一次出場之前先來吃點東西好了
嘖
嘖
請繼續加油!!
多麼酷炫的傢伙呀…
超帥的…
舔食
舔食
超愛吃蜂蜜
ハチミツ

明明有著一副凶狠的外表，卻聽說牠最愛的食物是蜂蜜

總覺得看到了蜜獾孩子氣的一面。連我都快被反差萌俘虜了

再多了解一點這項競技吧！ 是2020年東京奧運的新增項目。有兩種競技：在模擬實際街頭的場地比賽的「街式滑板」，以及在地形複雜的場地比賽特技的「公園滑板」。不只競技，也能享受街頭時尚等與觀眾融為一體的氣氛！

動物享受運動這檔事嗎？

就像運動之於人類的意義一樣，動物們投身競技時也會樂在其中嗎？來探索一下動物們的內心深處吧！

和同伴們一起享受競爭樂趣 順應馬習性而生的賽馬開跑

動物們有可能像參加運動比賽一樣，在特定的規則下享受競賽的過程嗎？

野生的馬在成群奔馳時，如果心情變好，有時候會玩起賽跑。無論最後的結果是贏是輸，認真較勁都會令人感到舒暢愉快，所以這種遊戲具有加深彼此羈絆的效果。

其實，利用馬的這種習性開始舉辦的活動就是賽馬。馬跟狼不一樣，並不是比照優劣程度來決定族群中的奔跑位置。也因此，無論是誰都可以嘗試跑在前頭，所以當一群能力不相上下的馬跑在一塊時，要想準確預測誰會先抵達終點勝出就顯得很困難。

與同伴互相較勁 最喜歡遊戲跟玩樂了

海豚這種動物會玩很多像運動一樣的遊戲。在海裡時，明明沒有被天敵追趕著，卻會突然加速開始競泳、或玩起鬼抓人這類的遊戲。

其實，水族館的海豚表演秀正是利用海豚的這種習性加以訓練而成。餵餌食的動作雖然是一種達成指令的獎勵，但牠們並不是因為想吃餌食才去做的，就算肚子已經飽了依舊樂於表演特技。可以說海豚真的是一種享受運動的動物。

海豚

拍動翅膀飛越數千公里 候鳥們的挑戰

大多數候鳥都會踏上數百、數千公里豁出性命的旅程。不過，由於年年在同一個時期往來同一條路線，所以與其說是旅行，反而更像是在進行距離長到不行的超級馬拉松。面對這項挑戰的行前準備、與同伴合作的力量，牠們都十分優異。

候鳥們在上路之前會先吃下高熱量的種子等，以累積脂肪、打造強健的身體。判讀風向等路程條件後，全員一齊出發。不會拋下鳥群裡的任何一位成員。高空之上，展翅飛行的過程中彼此互相喊聲、加油打氣，以全員抵達終點為目標。

我們是飛越世界最
高山聖母峰的候鳥

蓑羽鶴

享受與人類的共演 像搭檔一樣的動物

現今，成為玩賞犬的犬種大多都是狩獵犬，各自擅長的領域會因犬種而異。狗的祖先是狼，所以是一種在進行團隊行動、被委以重任時會感受到自我價值的動物。也就是說，牠們真正喜歡的並不是狩獵這件事本身，而是與主人或同伴在山野中四處奔走的「運動」。

如果獵人的子彈打偏了，還會悻悻地單吠一聲「汪！（好遜喔）」呢。所以說，狗並不是喜歡球或飛盤，牠們熱愛的是「與某人一起做」這件事。狗視獵物為共同目標並全力追尋，是個能與人類一同迎戰、有如雙人組搭檔般的存在。

我也很喜歡與人類
共演唷。不過，只
有在還是小孩的時
候而已

黑猩猩

表演猴戲的猴子真正的心情是？

一個接一個展現雜耍體操特技的猴戲。參與演出的猴子們，是抱著老大不情願的心情在上演牠們的拿手好戲嗎？

其實就像是教練與選手之間的關係，有時也會因為嚴格的練習叫苦連天、抑或是因此大發脾氣等等。話雖如此，一旦領悟到共同完成某件事的意義，猴子就會變得相當認真，有時候面對不甚滿意的表演，還會主動要求重新來過呢。

而在歷經嚴苛的練習，終於能夠稍微放鬆的時刻到來，猴子那靠近人類枕膝趴睡的模樣，可說是彼此羈絆之深的最好證明。我們似乎可以說，猴子的確是一種喜歡與人類一起朝共同目標前進的動物。

雖然很辛苦，但每一天都過得很充實
日本獼猴

我的橫跳動作算不上什麼技藝就是了
維氏冕狐猴

小貓熊你有學過什麼把戲嗎？
因為動物習性的關係，我經常用兩腳站立，但不知為何曾被人以為這個動作是在撒嬌賣萌呢。那並不是什麼把戲，希望大家不要誤會啊

第 6 章

冬季運動

Winter Games

雪上、冰上，在特殊環境下，耐寒的動物們能夠發揮本領的競技琳瑯滿目。就連冰塊也能融化的熱血戰鬥讓人目不暇給！

冬季運動 | 競技項目 **花式滑冰**

Winter Games | Figure Skating

在滑冰場上配合音樂滑行，比賽技術及表現能力的競技。

一到冬天就變得自我意識過剩 開始恣意耍帥、四處滑行！

花式滑冰的天選之人

日本獼猴

選手簡介

表現力 ■■■■■　毅　力 ■■■■■

技　術 ■■■■■　體　力 ■■■■■

跳躍力 ■■■■■

出身地 日本（長野縣）

飲食生活 素食主義者

性格分析 容易給自己壓力

大部分靈長類都生活在溫暖的地區，**暫且不論人類的話**，日本獼猴選手就是**棲息在最北地區的靈長類了**。與日本不同，牠被當地沒有野生靈長類棲息的歐美人稱做「雪猴（snow monkey）」，而且十分受歡迎。實際上，**牠在雪上或冰上的表現力與身體能力都技壓群雄。**擅長寒冷地區舉辦的競技、有一顆和之心的日本獼猴選手在花式滑冰項目的活躍表現，備受全世界矚目。

獨家新聞！日本的合宿場地

在日本有個秘密的合宿場地，那就是長野縣的地獄谷溫泉。冬季期間的積雪深厚，結冰池塘等設施也十分完善。利用溫泉治療過度使用的腰膝所帶來的療效也極佳，好到連競賽馬也會利用溫泉治療呢。日本獼猴的毛除了能防水之外構造有兩層，不易浸濕到深處，所以從溫泉中起身時並不會凍著。

日本獼猴社會的秘密

媽媽

這孩子小時候一到了冬天就會跑去結冰的地方，很喜歡在那邊不停地轉來轉去……

選手S

在日本獼猴的社會裡，過了4歲就是大人了。要是在前輩面前放肆地高速移動，就會被嚴厲斥責。所以成猴沒有辦法練花式滑冰。

練習場景

從小就開始培養，進行英才教育哇

下個世代的選手們也都教人十分期待呢

2～3歲左右的年幼日本獼猴最喜歡在冰上等處旋轉、玩遊戲了。心情大好時，就會使出華麗大特技三周後外點冰跳。

預想

秋冬是戀愛的季節
自我意識過剩地進行表演

首先，由於靈長類是視覺動物，所以對顏色、形狀等具有獨特的美感。在日本獼猴選手臉及屁股上的紅色，也可以說是牠們專屬的**「和」的美感代表吧**。

當公猴進入秋冬之際的繁殖期時，男性荷爾蒙會增加。進而導致血管擴張、血流增加，發紅的部位變得比平常更紅、更美。同時，原本亂蓬蓬的毛髮變得細薄狂野（sauvage），進入一種鬆散蓬軟的狀態。然後自我意識也跟著膨脹，**變得格外在意女性目光，經常四處走來走去耍帥**。

日本獼猴選手產生的這些變化，想必也能夠充分活用至冬季舉辦的花式滑冰大賽的表演當中吧。

主要出場選手

◎日本獼猴
○天鵝
▲蓑羽鶴
△大貓熊

看看我優雅的舞步吧！

天鵝

在冰上的話，就可以不受拘束地滑行了吧

日本獼猴

我的表演與其說是留下紀錄，還比較接近留下記憶啦！

大貓熊

讓你們見識見識有如越過喜馬拉雅山脈般的跳躍！

蓑羽鶴

金 日本獼猴

銀 天鵝

銅 蓑羽鶴

結果 道道地地的明星

動物川柳

猴子溜滑冰　轉了一圈又一圈　直到花開時

再多了解一點這項競技吧！ 有單人、雙人、冰舞、團體賽等競技項目。由評審評分，總分是步伐、旋轉、跳躍等技術分加上曲目的表演分再計入扣分得出。

冬季運動 | 競技項目

競速滑冰

Winter Games | Speed Skating

繞行一圈是400m的滑冰場，比賽抵達終點時間的競技。有數種項目，500m～10000m都有。

在冰上的情緒高昂度MAX 發揮最極致的表演能力！

唔喔，這種冷度我受不了啦——
焦點選手

在冰上的狀態絕佳！

北極熊

選手簡介

力量 ■■■■■ 專注力 ■■■■■
速度 ■■■■■ 體力 ■■■■■
游泳 ■■■■■

出身地 加拿大

飲食生活 都是肉

性格分析 運氣很差的類型

競速滑冰的起跑將會左右勝敗，所以需要強大的專注力與瞬發力。備受矚目的是北極熊選手，**雖然牠的主食是海豹以及海象，不過在水中拚不過這些獵物的游泳速度，因此冰上狩獵才是牠的一貫作風**。也因為這樣，北極熊在無冰的夏季幾乎無法順利飽餐一頓，體重會驟減至僅剩將近一半。**牠是地球上最誠心盼望冬天到來的動物，在冰上燃起的鬥志比任何人都還要澎湃**，能夠發揮驚人的實力。

預想
越冷狀態越好 但起跑是一大課題

北極熊是陸地上最大的肉食性動物，也是熊類當中唯一的完全肉食者。力量、脾氣暴躁的程度也是最強的，越冷精神就越好，**零下40℃的氣溫對牠而言只是「有點涼」而已**，當季節交替使氣溫急速上升到接近0℃的話，有時候還會因此中暑。

北極熊選手的腳掌上也有長毛，這個特別的構造讓牠待在冰上也能夠高速奔跑不滑倒。除此之外，**在海豹的冰上呼吸洞前埋伏半天之久**，雖然可以作為鍛鍊起跑專注力的練習，但因搶跑導致錯失捕獵良機的情況也滿常發生的。

主要出場選手

◎北極熊
○海豹
▲北極狐
△馴鹿

結果

用力過猛的最後衝刺！

金 海豹
銀 北極狐
銅 馴鹿

究竟北極熊選手有辦法追上海豹選手嗎～!?
唰——
沒有任何人可以贏過我的滑冰技術!!
喔啦喔啦喔啦喔啦
!?
那、那傢伙消失了…!?
因為太重讓冰破裂了
……
海豹選手漂亮地守住領先優勢～!!
抵達終點

看來似乎是北極熊選手有點太胖了

是海豹選手的執念帶來的勝利

附帶一提人類的紀錄是？ 2015年 帕維爾·庫利日尼科夫（俄羅斯）的33秒98（500m）。冰刀鞋的刀刃比鞋子還要長。

冬季運動 | 競技項目

短道競速滑冰

Winter Games | Short Track Speed Skating

一圈是111.12m的賽道上，同時有4～6名選手參賽的競技。

凶暴度是宇宙第一！？用極速撞飛眼前的敵人！

你的東西就是我的東西，我的東西還是我的東西！

焦點選手

為了勝利不擇手段！

狼獾

選手簡介

速度　毅力
加速　體力
健壯度

出身地　俄羅斯
飲食生活　都是肉
性格分析　絕對不會放棄的類型

就競技的特性來看，過彎會是勝敗的關鍵，一般而言，體格偏大的選手受制於慣性定律，條件較為不利。也因此，備受矚目的是來自加拿大的狼獾選手。牠屬於鼬科動物，英文名稱是Wolverine。**雖然身形偏小，力量卻與狼、熊等動物不相上下甚至能戰勝對方**。就算面對的是比自己還要龐大的動物，也**毫不畏懼地果敢迎戰**，實際上還會做出搶奪食物等行為，以強韌無比的心理素質自豪。

小道消息 狼獾的聲明

感謝大家對我的支持。我非常重視吃飯的時間。所以像是花啦、信之類的東西就免了，多送些食物過來吧。我喜歡吃的食物有鳥、蛋、兔子、松鼠、鼠類的話什麼都行、河狸、山羊、綿羊、馴鹿、西方狍、駝鹿、蛇、蜥蜴、魚、昆蟲、水果、樹果、屍體。粗大的骨頭或硬邦邦的冷凍食品也不用解凍，我可以直接啃。以上，拜託大家啦。

相關人士的評論

本人經驗談

我能夠以時速40km在深達1m以上的積雪上奔跑，而且不會沉下去。一天移動45km左右的路程根本不算什麼。爬樹、游泳我也很擅長唷。
你問我的地盤？大概是1000km2的四邊形吧。我常常搶走狼或熊的獵物唷！

練習場景

狼獾選手在做雪上練習時也很拚命呢

不管對方來頭多大，狼獾都有辦法糾纏不休地找碴，所有人不堪其擾就紛紛閃避了

狼獾選手的雪上練習（找食物）模樣。不遠處的熊選手與狐狸選手躲起來監視牠。

預想 會不會在比賽過程中襲擊其他選手，令人擔心

急轉彎的過彎速度極高，手也要跟著觸地輔助轉彎，因此在進行這項競技時會穿戴趾尖堅硬的的特殊鞋子。**狼獾也有一對修長堅韌的爪子，作為武器用起來得心應手之外**，這對尖爪似乎還能活用於競速比賽。

此外，狼獾選手也具備身體柔軟、身軀強壯的優勢，重心較低使牠不容易翻倒。足部構造適合在雪地上行進，所以能夠馬不停蹄持續奔跑15km左右，耐力相當驚人。

再者，狼獾選手也有戰術家的才能，當遇到要襲擊比自己還要大的獵物等情況時，會先分析路線，**再從樹上飛躍而下、瞄準要害進攻**。在競技方面令人擔心的地方在於，牠在過彎時會不會放棄超前的機會，反而從對手背後猛撲過去偷襲人家。

主要出場選手

◎狼獾
○旅鼠
▲麝牛
△北極狐

我的身體太重，過彎時可能會有困難

麝牛

本大爺不會允許任何人滑在我前頭！

狼獾

左彎右拐奔跑對我來說一點也不難唷！

北極狐

從天敵北極狐選手的手中逃脫才是第一考量

旅鼠

金 狼獾
銀 旅鼠
銅 北極狐

結果
爪子的新用途
喂喂，擋路啊你!!閃開啦!!
唰——
最後一圈了!!
脫 脫掉
耙耙耙耙耙耙耙耙耙耙耙
抵達終點!!狼獾選手贏得優勝!!
嘻嘻嘻嘻…
等等…這已經算犯規了吧？
好冷…
當我們是刨冰嗎？

動物川柳

好禮送給你 用爪子耙呀耙地 一碗碗刨冰

附帶一提人類的紀錄是？ 2018年 武大靖（中國）的39秒505（500m）。由於彎道很多，包含跌倒等因素在內使得名次瞬息萬變，是一種在抵達終點之前完全無法預測會發生什麼事的驚險競技。

冬季運動 | 競技項目 **冰球**

Winter Games | Ice Hockey

用曲棍球桿控制冰球、打入球門，比賽進球得分數的球類競技。

焦點選手

智慧、上進心、團結力兼備的超級運動員集團

反正都會贏，好想贏得有趣些呀！

摘「金」是理所當然？

虎鯨

選手簡介

力量　毅力

移動　體力

智力

出身地　加拿大

飲食生活　魚、海豹

性格分析　溫和的混混

冰球切換攻守的節奏較為激烈，設想過各種情況的隊伍整體組織能力正是勝敗的關鍵。在這項競技中，虎鯨選手團會帶來什麼樣的活躍表現最令人期待。**牠們以動物界頂尖的超高智力自恃，還有一顆愛玩的心，享受攻敵不備、奇襲的樂趣**。另一方面，虎鯨也有強烈的上進心、勤於練習且認真的一面。**族群的羈絆也很深厚，是一個會用絕佳默契齊心解決問題**的超級運動員集團。

預想

看似完美無瑕，實際上卻是容易受挫的性格

冰球可以不限次數地自由更換選手上場，所以交換球員的時機會左右比賽的發展。虎鯨選手團在狩獵的時候，會考量族群成員的年齡、經驗、體力等條件再行動，**利用整個隊伍去補強各自的缺陷，以扭轉劣勢**。諸如將臉部探出水面、名為「浮窺（spy hop）」的偵查行動等等，**牠們收集情報的能力堪稱是動物界第一高的**。只不過，特地實施高難度戰略，結果卻聰明反被聰明誤、或是釀成悲劇的話，虎鯨會大受打擊一蹶不振——這個心理層面的弱點是較令人擔心的部分。

主要出場選手

◎虎鯨
○座頭鯨
▲新喀里多尼亞烏鴉
△竹節蟲

結果

因情殤消沉中

金 虎鯨
銀 座頭鯨
銅 新喀里多尼亞烏鴉

虎鯨選手又射門得分啦～!!
座頭鯨選手束手無策～
完全想不到牠昨天才剛被女朋友甩了，狀態好得不得了!!
啊哈哈哈…
…咦？
虎鯨選手的動作似乎停下來了…
反正我這個人…
一蹶不振…
還是老樣子心理層面不堪一擊!!

儘管虎鯨選手團的局勢一時衰弱，在更換選手之後又調整回來了

切換成穩健型作戰之後，虎鯨選手團的動作瞬間大有改善

再多了解一點這項競技吧！ 攻守的陣勢會在轉瞬之間切換，是一種驚險刺激、讓人目不轉睛的競技。

冰壺

一隊有4名選手，在長45m的賽場上讓石壺滑行，比誰的石壺距離圓心比較近。

在冰上自由自在地活動 巧妙地操控石壺！

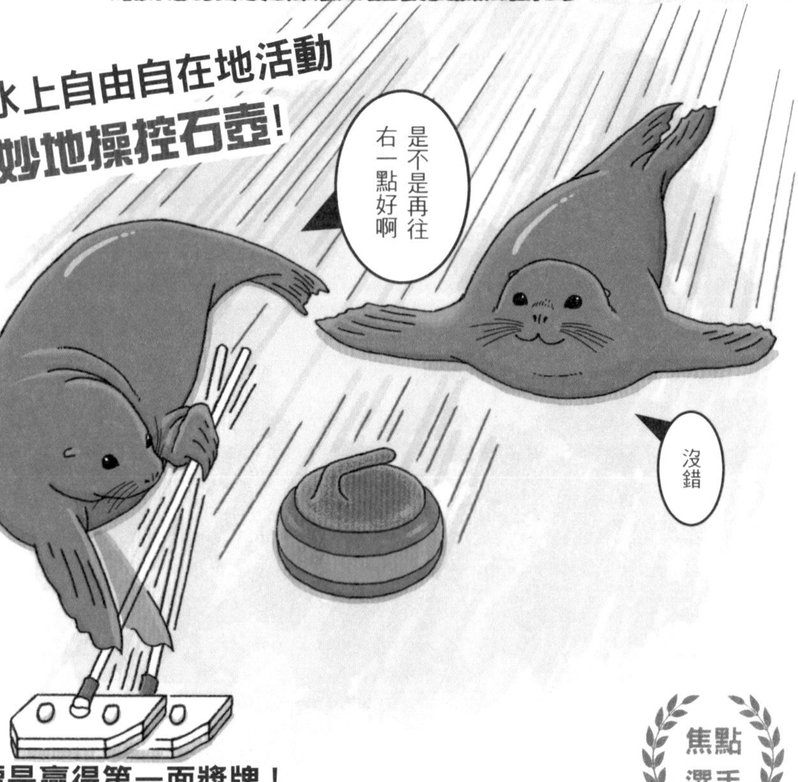
是不是再往右一點好啊
沒錯

目標是贏得第一面獎牌！

焦點選手

海狗

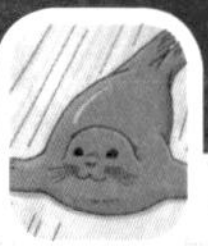

選手簡介

移動
毅力
靈活度
體力
合作

出身地 紐西蘭

飲食生活 魚、烏賊、螃蟹

性格分析 消息靈通的類型

冰壺是一種需要細心判讀冰面狀態，自己也要跟在石壺旁邊一起移動的競技。而說到活躍於這項競技的目光焦點，就是海狗選手了。**在水中的高運動能力自不用說，到了地上竟然也能善加活用這項才能。**雖然海狗沒辦法像陸上動物一樣東奔西跑，但可以搭配腹部貼地的姿勢，使用鰭狀肢靈活地移動。**尤其在冰上時，可用腹部高速滑行50m左右，就連急停的動作也隨心所欲。**

預想

團隊合作表現出類拔萃 對練習的熱情也很高昂

海狗智力高又喜歡玩遊戲，有著對任何事都樂在其中的性格。雖然剛出生不久的海狗寶寶還不會游泳，但是雙親以及族群裡的所有成員都樂於給予游泳方面的指導，從這類情況也可以看出**群體的團隊合作十分良好**。會使用宏亮的聲音交談，所以溝通能力也很高。

平常為了水族館的表演秀就很勤於練習，也有強烈的上進心。在針對表演秀所做的長足練習，隊員們都很期待**可以吃到日本銀帶鯡等美味點心的「嚼嚼時間」**。

主要出場選手

◎象鼻海豹
○海狗
▲海象
△南海獅

結果

密技！變身術

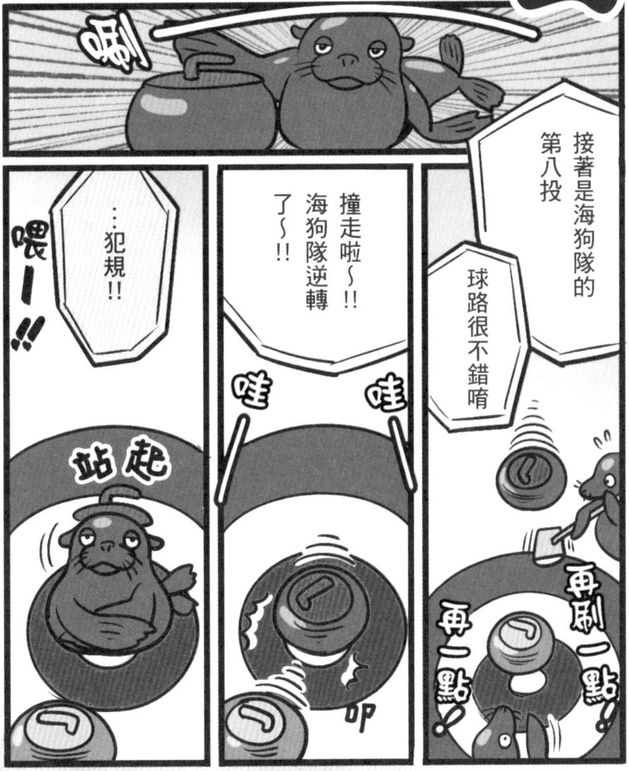
唰
接著是海狗隊的第八投
球路很不錯唷
再刷一點！
再一點！
撞走啦～!! 海狗隊逆轉了～!!
哇
哇
叩
…犯規!!
喂—!!
站起

金 象鼻海豹
銀 海象
銅 海狗

海狗選手團把自己扮成石壺的行為明顯犯規，因而從準決賽中敗退下來

至少從前三名的爭奪戰中勝出，抱走了銅牌！

再多了解一點這項競技吧！ 因為有彈飛對手石壺、布局等玩法，冰壺又被稱為「冰上西洋棋」。

冬季運動 | 競技項目 # 越野滑雪

Winter Games | Cross Country Skiing

距離最多長達50km，以滑雪板滑行的競技。是從雪上的日常移動方法衍生而來，所有滑雪競技的原點。

焦點選手

靠著縝密的戰術與家族之愛力求勝利！

也為了我的家人，我要拚死努力！

奪牌戰略萬無一失！

北狐

選手簡介

移動	■■■■■	毅力	■■■■■
靈活度	■■■■■	體力	■■■■■
戰術	■■■■■		

出身地 日本

飲食生活 老鼠、小鳥

性格分析 一不小心努力過頭的類型

勝敗的關鍵在於耐力、精神力，以及在占位、滑行等決勝時刻所運用的戰術。在這個項目備受矚目的是北狐選手。在犬科當中身形偏小的牠，**不會像狼一樣成群狩獵，而是如貓一般自己一個人來**。對檢視自然環境的日常工作相當認真，連細微的地形及樹木的形狀都會做成自己的專屬地圖深深記入腦海之中。**對天氣與狀況的變化也很敏感，在戰術方面總是會備好一套B計畫**，是個細心周到的類型。

預想

仔細觀察，看清雪道擬定最完善的策略

北狐選手是一位戰術家，討厭無端消耗能量。牠不會莽莽撞撞地窮追獵物，而是**一邊觀察雪地上的足跡進行追蹤，一邊思考戰術**。調查雪質也是牠的強項，就連距離雪上有數十公分、在下方挖掘隧道移動中的老鼠等動物所發出的細微聲響，牠都聽得出來。

北狐選手夫妻倆感情深厚，又很寵愛小孩，所以有家室的公狐總是竭盡全力在打拚，不過有時候也會**因為超出極限導致心臟麻痺而亡**。

主要出場選手

◎北狐
○日本貂
▲野牛
△皇帝企鵝

結果

潛「雪」

金 北狐
銀 日本貂
銅 野牛

眼看兩位選手都快要抵達終點了…
哇—
哇—
加油啊—
嗯～北狐選手稍微露出疲態了呢
喝
唔喔喔喔喔!!!
啪!!
北狐選手突然縱身一躍抵達終點!!
議論
紛紛
咕
逃掉了…
…看來只是單純發現獵物罷了

北狐選手的大跳躍真是厲害！

看來剛才在雪的下方似乎有老鼠呢！

再多了解一點這項競技吧！ 山間地帶的賽道起伏不定、山巒交疊，參賽者得配合地形運用各式各樣的滑行、登行方式，競賽過程十分激烈。

冬季運動 | 競技項目

跳台滑雪

Winter Games | Ski Jumping

源自於北歐斯堪地那維亞半島的北歐式滑雪競技。從跳台躍入空中，比賽飛行距離。

焦點選手

滑翔的飛行距離136m 是動物界最頂尖的紀錄！

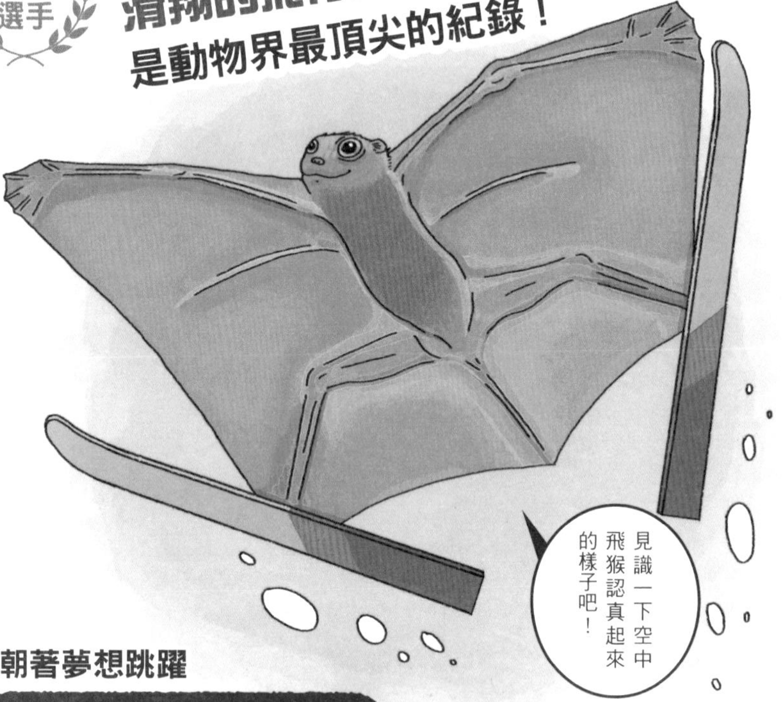
見識一下空中飛猴認真起來的樣子吧！

朝著夢想跳躍

鼯猴

選手簡介

滑翔　毅力
移動　體力
落地

出身地 菲律賓

飲食生活 素食主義者

性格分析 沉默寡言、沒有人知道牠在想什麼的類型

最初是源自於用來測試膽量的滑雪遊戲，不過隨著近代運動科學的發展而有了急速的進化。藉由姿勢空氣動力學的電腦模擬實驗、以及針對運動服裝的形狀與質料等進行研究開發之後，使得飛行距離逐漸提升，**到現在已經不再是跳躍而是「飛行」的距離了**。也因此，備受矚目的是來自東南亞的鼯猴選手。生活在赤道地區卻要挑戰冬季項目，希望這位選手可以好好加油。

獨家新聞！美食篇

鼯猴最常吃的東西就是嫩葉了。為了尋覓營養豐富又新鮮美味的嫩葉，牠掌握了跳至高處的訣竅。愛吃的食物是樹液以及果實的汁液。會利用帶有牙縫、呈扁平扇狀的下顎門牙濾出汁液來飲用。小孩則會吃母親的糞便。似乎是為了從媽媽那裡獲得分解植物的細菌的樣子。

獨家大新聞！個人篇

本獨家新聞要帶您探訪的是，幾乎全世界的動物園都沒有飼育案例、研究者也寥寥可數、一身是謎的鼯猴選手。

記者分享

我認為牠的性格在動物界是最膽小的。活動時間集中在晚上，白天則會擬態成樹木的紋理。到了育兒時期，似乎會使用翼膜偽裝成椰子般的外形垂掛於樹枝上唷。

練習場景

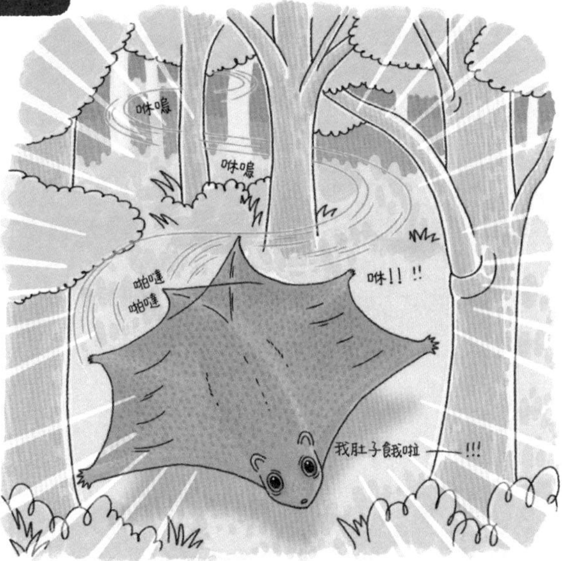

從這棵樹到那棵樹，像縫紉一樣在森林裡高速滑翔，尋找嫩葉及果實。

由於幾乎不會著地，所以能否控制落地姿勢是一大課題

來自熱帶的牠能否在寒冷地區發揮實力，也挺令人擔心呀

預想

以卓越的滑翔能力為豪 能不能落地是一大問題

皮翼目的鼯猴選手是一位充滿謎團的「空中飛猴」。牠的滑翔方式不同於白頰鼯鼠、鼯鼠這些鼠類。差異點大致有兩個。其一是能夠上下搧動尾巴的飛膜，藉此產生前進的力量「推進力」。其二則是能夠向上舉起脖子到手臂之間的飛膜，藉此產生上浮的力量「升力」。也就是說，**牠能夠飛得更快、更遠。**

鼯猴選手的滑翔最高紀錄有136m，這已是大幅超越了高跳台K點的紀錄。牠的課題在於落地。由於日常生活中幾乎不會降至地面，所以能否順利完成落地姿勢泰勒馬克（telemark）而不被扣分，是較令人擔心的部分。

主要出場選手

◎鼯猴
○金花蛇
▲飛蛙
△白頰鼯鼠

寒冷的地區
就不要勉強
我了吧

飛蛙

大家應該不至於把
我跟那邊的猴子相
提並論吧

鼯猴

滑翔這事包在我身
上吧！我覬覦優勝
寶座已久了

白頰鼯鼠

一邊扭動著身體，
一邊製造出上浮的
力量

金花蛇

金 鼯猴
銀 白頰鼯鼠
銅 鼯鼠

靠不住的競爭對手

結果

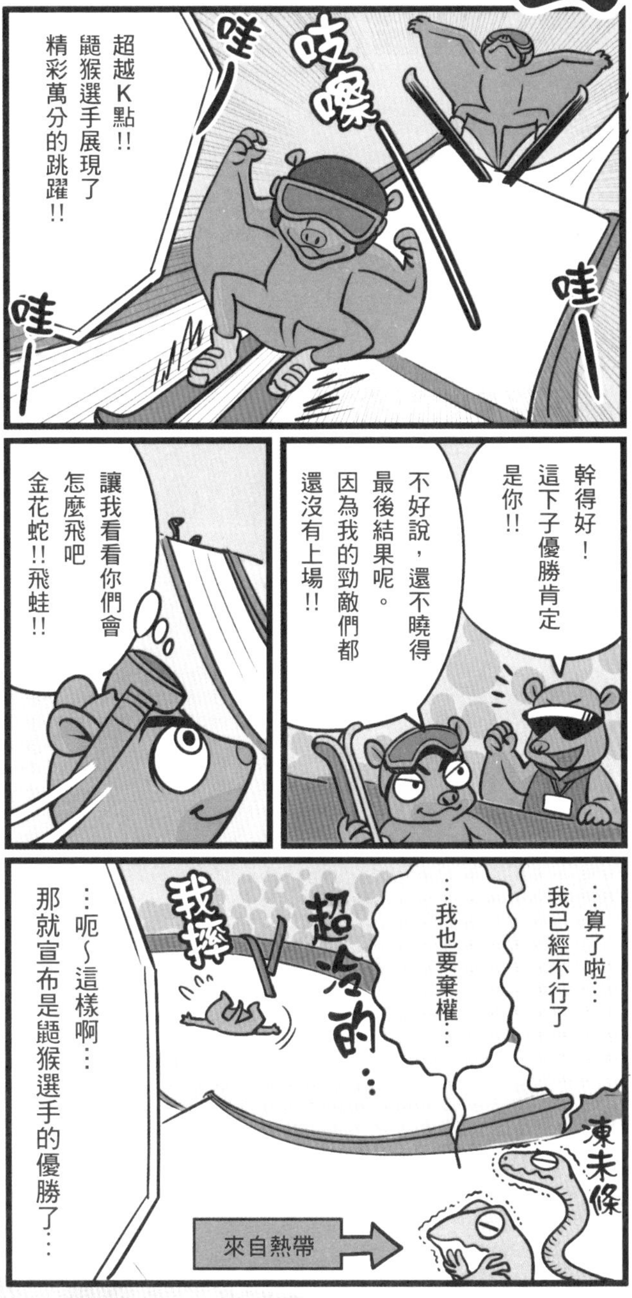

動物川柳

比起拿金牌　我們更想要的是　南國的太陽

再多了解一點這項競技吧！ 有K點（再高的話危險）90m的普通跳台（Normal Hill）以及120m的高跳台（Large Hill）。除了個人賽以外，還有高跳台團體賽、混合項目等競技。近年來超越K點的紀錄不斷，不過世界首飛萊特兄弟的飛機航程是36.5m。

高山滑雪

Winter Games | Alpine Skiing

> 用滑雪板在山上滑行，比賽速度。賽道上設有旗門，如果未通過兩旗之間會被判失格。

利用時速70km的
急速下降&急轉彎
目標是展現最棒的滑行！

焦點
選手

活用逃脫技術，登上第一名的寶座！

奪取滑雪運動員的頂點！

東北野兔

選手簡介

滑 雪	■■■■■
速 度	■■■■■
轉 彎	■■■■■

毅 力	■■■■■
體 力	■■■■■

出身地	日本（東北）
飲食生活	素食主義者
性格分析	開朗活潑、喜歡獨自玩耍

在由0～40度的各種傾斜度組合而成的賽道斜面上，混合了轉彎、直滑降等技術，選手們要比的是速度。這是一種高速競技，時速可破100km，一不小心跌倒甚至有可能摔成重傷。備受矚目的是日本野兔當中來自東北地區的東北野兔選手。**牠對雪知之甚詳，而且整身的毛會配合降雪變得如雪一般亮白。**兔子的後腳不僅腳力十分強悍，還像**滑雪板一樣接地面積長**，所以可以在雪上四處活動而不會陷下去。

178

預想

武器是有特殊性能的衣物以及優越的運動能力

東北野兔選手的毛皮外衣又輕又軟，運動性能十分優異。其中一點便是保暖功能極高，即使身處寒冷地區，肌肉也不會因為受凍而收縮。除此之外，就算在激烈運動過後導致體溫急速上升，**那對修長的耳朵也可以幫助散熱，避免中暑**。而最厲害的莫過於那令人感到吃驚的加速能力，狀態好的時候，就算在雪上也能**以時速70km輕快地移動**，急轉彎更是牠的拿手好戲。只不過在逃跑時，東北野兔並不會一路衝下斜坡，反而有著往上奔逃的習性……。

主要出場選手

◎東北野兔
○伶鼬
▲臆羚
△北極狐

結果

教練的秘密武器

金 東北野兔
銀 伶鼬
銅 臆羚

今天我特別為你請來了一位可靠的好幫手唷
幫手？你說的是誰啊教練
！
哇啊啊啊啊
東北野兔選手好驚人的速度啊～!!
說什麼好幫手!!不就天敵!!

好一個厲害的秘策，選手的潛能被徹底激發出來了呢

大幅領先的第一名誕生了！

再多了解一點這項競技吧！ 需要精巧地過許多彎道的「曲道賽」、稍微加速過彎的「大曲道」、大幅加速過彎的「超級大曲道」、用速度決勝負的「落山賽」。依上述順序，旗門數逐項遞減，滑坡的傾斜度則是一項比一項陡。

單板滑雪

有阿爾卑斯山式、自由式、越野賽等各式各樣的競技，針對速度及特技的表演力評分。

焦點選手

在純白的雪上 一身漆黑裝扮大為活躍！

白雪讓人興奮不已、躍躍欲試呢！

格外喜愛在雪上活動

雪溪石蠅*

選手簡介

滑行　毅力
特技　體力
耐熱度

出身地 日本

飲食生活 雪中的微生物

性格分析 低調地完成厲害的工作

單板滑雪除了發達的運動神經以外，對雪山的分外喜愛之情、熟知地形等條件更是必要。除此之外，不輸給其他選手的時尚品味也很重要。也因此，備受矚目的是雪溪石蠅選手。在純白的雪上，最顯眼的顏色就是「黑」了。**一身漆黑的雪溪石蠅選手**雖然大小約莫1cm，但是在雪上十分醒目。**牠是一種到了2、3月的寒冬就會精力旺盛地四處走動的雪蟲**，想必也會喜歡冬季運動……。

＊譯註：學名「Eocapnia nivalis」，一種 翅目昆蟲（俗稱石蠅）。在日本又稱之為雪蟲。

預想

在雪山上沒有敵人 弱點是對暑熱無可奈何

雖然雪溪石蠅選手特別喜愛雪山、雪溪這些地方，不過牠的誕生地點竟然是在河川呢！石蠅是水生昆蟲，所**以會在川中度過幼年期，到了12月長大成熟，才開始登上冬天的山**。對運動員來說是最艱苦的訓練方法。

雖不具翅膀，彎曲身體的動作卻很靈活，所以聽說牠連在半管空中施展的高難度技巧「兩周轉體1440度（double cork 1440）」也都做得出來。只不過，雪溪**石蠅只能夠在零下10～10℃的範圍內活動**，要是氣溫熱到超出這個上限，就會陷入神智不清的狀態。

主要出場選手

◎雪溪石蠅
○鼠兔
▲雷鳥
△鼩鼱

結果

炙熱的握手

雪溪石蠅選手華麗地舞於空中～!!
Yeah!
零失誤的表演，從容不迫的金牌得主～!!
你的滑行還真是熱血啊!!
Yo!
伸出
握
咦？等等!!我的手有那麼熱嗎!?
精疲力竭
體溫到20℃就會死亡

金 雪溪石蠅
銀 鼠兔
銅 雷鳥

頒獎台上的雪溪石蠅選手是不是快陣亡了啊？

令人意外的臨終之際嗎！？

再多了解一點這項競技吧！ 奧運會舉辦五種競技：半管賽、平行大曲道賽、越野賽、障礙技巧賽（花式滑板）以及空中特技（大跳台）等。

利用小小的冰橇（雪橇），在斜坡狀的賽道上滑行，依總時間比賽速度。

雖然走起路來慢吞吞 但使用腹部就可以超高速滑行！

焦點選手

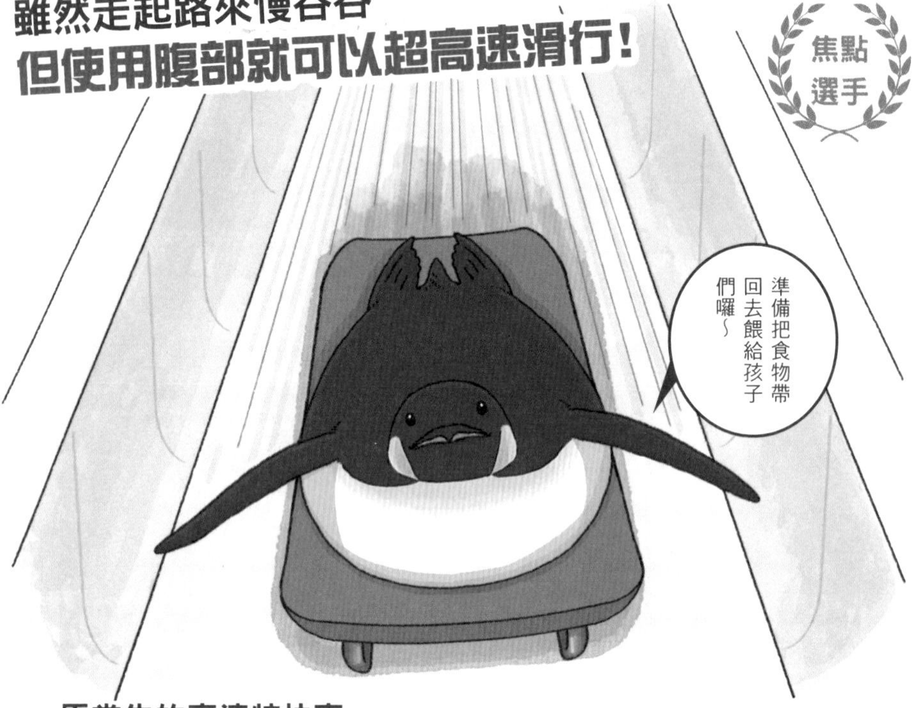
準備把食物帶回去餵給孩子們囉～

一馬當先的高速特快車

皇帝企鵝

選手簡介

滑行 ■■■■■ 毅力 ■■■■■
速度 ■■■■■ 體力 ■■■■■
健壯度 ■■■■■

出身地：南極

飲食生活：都是魚

性格分析：沒有意識到自己做出驚人之舉的類型

面對需要使用冰橇的競技，除了得擅長冰上活動之外，是否具備將冰橇推擠出去的能力也很重要。備受矚目的是皇帝企鵝選手。雖然牠身為企鵝經常被別人誤以為雙腳極短，不過實際上是採用像體育座*一樣的姿勢，腳一點也不短（雖然一輩子不會伸展就是了……）。腳上**有尖銳的爪子，有助於踩在冰上時牢牢抓住冰面。鰭狀肢（翅膀）的硬度堪比鐵板，想必在做出推動冰橇、於冰上划動加速等動作時都能派上用場。**

*譯註：屁股著地，膝蓋彎曲、腳跟併攏，再用雙手抱住雙膝的坐姿。

預想

駕駛冰橇為其拿手絕活 體重才是決勝關鍵

在這項競技，體重較重的選手速度會增加，所以一般認為相對有優勢。**皇帝企鵝是現存企鵝當中體型最大的種類**，全長130cm、體重45kg。在移動的時候，如果用走的會很慢，所以企鵝**會將腹部貼在布滿冰雪的地面上滑行前進**，而這個動作與俯臥在冰橇上時利用重心移動的方式相仿，因而可以說牠平常就有在做訓練了。

臨近冬季大會的時期，公企鵝因為育兒（抱卵）的關係，進入長達兩個月以上不吃不喝的狀態導致身材暴瘦，還要奔向遠洋覓食，要參賽恐怕會很難。

主要出場選手

◎皇帝企鵝
○象鼻海豹
▲麝牛
△野牛

結果

要餵小朋友吃飯！

金 皇帝企鵝
銀 象鼻海豹
銅 麝牛

看呀 俯式冰橇有位新星登場!!
シャアアア
是皇帝企鵝選手
抵達終點!! 這時間真是厲害!!
シャー
創下大會新紀錄，榮獲金牌～!!
不要擋路!! 讓開
ペタ
ペタ
おめでとー
久等了!!
嘰嘰喳喳的好吵喔 到底是在興奮什麼？
原來只是一位路過的太太

囤積在肚裡的魚的重量，也與冰橇的加速有關係呢～

身為特別參賽者的皇帝企鵝選手確定拿下金牌

再多了解一點這項競技吧！ 俯式冰橇、無舵雪橇、有舵雪橇除了使用的冰橇（雪橇）形狀不同，還有以下差異：俯式冰橇是1人乘坐、採臥姿；無舵雪橇是1人或2人乘坐、採仰姿；有舵雪橇則是2人或4人乘坐、坐在雪車上，等等。

冬季運動 | 競技項目 # 冬季兩項

Winter Games | Biathlon

由越野滑雪與射擊組合而成的競技。最初是以比賽軍事偵察力為目的。

不會放過盯上的獵物 靠執念與體力挑戰！

狙擊是我的最愛，即使肚子不餓也不會改變這點……
焦點選手
1

最頂級的獵人資質

豹斑海豹

選手簡介

滑雪	■■■□□	執念	■■■■■
射擊	■■■■□	體力	■■■■■
健壯度	■■■■■		

出身地 南極

飲食生活 都是肉

性格分析 對任何人都會糾纏不休的類型

儘管使用了槍及滑雪板這類文明的工具，仍要判讀自然環境、捕獲獵物，是一種在雪上追求最極致的動物式感官的競技。**在射擊項目，以呼吸法最為重要，甚至精細到會因為自己心臟或脈搏的跳動而射偏標靶。**眾所期待的選手是豹斑海豹。一般而言，海豹類以性情溫和的種類居多，但是豹斑海豹選手是唯一一種**有「食人海豹」之稱、冷酷無比的獵人。**

預想 水陸兩棲的第一狙擊手

豹斑海豹選手是南極海豹族（Lobodontini）中最大型的種類，平時單獨行動、泳技過人，**有一張跟哥吉拉差不多大的巨嘴，從海豹到企鵝什麼都會吃**。具有看穿敵人弱點的強大專注力，堪稱是第一狙擊手。

對於普通的海豹而言，要在陸地上移動是件棘手的事情，但豹斑海豹是個例外。過去就有紀錄顯示牠曾讓南極越冬隊尾追自己好一段距離，**可見其耐力、運動能力到了陸地上一樣高**。有時容易厭倦、個性陰晴不定是一大缺點。

主要出場選手

◎豹斑海豹
○雪豹
▲胡狼
△北狐

結果 擅自玩起大逃殺

金 雪豹
銀 胡狼
銅 北狐

發現目標
我就不客氣了
呀
砰咻
唔！
打偏了嗎…原本想說午餐有著落了…
喂喂喂！
這不是那種競技好嗎！

因為擅自開始狩獵，失去比賽資格了

或許是在比賽過程中肚子餓了

再多了解一點這項競技吧！ 有衝刺賽（男子10km、女子7.5km）、個人賽（男子20km、女子15km）等競技，利用滑雪板移動的同時，以臥姿或立姿狀態射擊。有很多軍人、警察等職業出身的參賽者。

動物們的帕拉林匹克運動會

在動物當中，也會出現一些帶著傷殘仍堅強地活下去的案例。牠們在嚴峻的大自然裡，是如何過活的呢？

在野生動物當中也會出現肢體傷殘的案例

野生動物當中也有身心障礙者嗎？當然有。原因有很多種，像是罹患先天性疾病、從山崖摔落等意外事故、遭天敵襲擊而受了重傷等等，都可能導致身體行動不方便。

實際上，在山裡等處也會看到少了一隻腳的野豬或者是獨眼的鹿。原以為要在嚴峻的大自然裡存活下來會是一件極其困難的事情，但是牠們克服了殘疾對生活帶來的諸多障礙，和其他的同伴一樣堅強地繼續生存下去。

預測誰會先抵達終點勝出就顯得很困難。

野豬

即便外表乍看之下很有精神實際上卻在隱忍生病或受傷

在動物園裡，當動物壽終正寢之後，就會進行解剖調查各式各樣的事情。結果發現，有些動物外表乍看之下沒有異狀，卻在調查之後發現有許多生病或受傷的痕跡。動物在敵人、競爭對手甚至是家人面前，會將自己衰弱的部分刻意隱藏起來不讓對方發現，而且這隱忍的功夫相當厲害。常常令人忍不住感嘆，牠們竟然能用這副身體一路撐到現在。

永不放棄的意志，或許是我們已逐漸忘卻的一個重要特質。即便有著傷殘也要保護自己的方法、練就一個人也能自食其力的功夫，都是動物拚了命也要活下去的表現。

族群中互助扶持的野生動物們

在大自然中，實際上也會出現生來就沒有手臂的日本獼猴、脊椎骨呈直角彎曲的虎鯨、被鱷魚吃掉鼻子的非洲象等，各種野生動物患有傷殘的情況，但是其中也會發現一些平安長大的案例。

要想在族群裡活下去，大前提是當事人自己要加倍努力，不過當同伴對於身體有缺陷一事予以寬容、又或是伸出援手齊心合作，更是重要的關鍵。大家是否有辦法像那些野生動物群一樣，為了一位同伴放慢自己的腳步呢？

從人類的運動世界中，其實就能看出一些端倪。雖然運動也包含了戰鬥這種攻擊性行為，但是也有讚頌勝者、加深與競爭對手之間的羈絆這些不可思議的力量。再加上肯定身心障礙者的才能、分享彼此心情的力量等，近年來已逐漸為人所知。可以感受到，在嚴厲中有一份溫柔的運動，的確與野生動物們的寬容之心存在著某些共通點。

在族群中存活下去是一件非常辛苦的事。不過，族群也有族群的好處唷

叉角羚

緩慢、悠閒、不爭鬥是我的座右銘

大貓熊

至於我呢，雖然動作十分緩慢，但是一天只要吃1、2片葉子就可以維生唷。很環保的生物吧

我的武器大概是裝可愛吧。有沒有很想餵我吃東西呀？在各式各樣的地方，都能發現動物的厲害之處呢

索引

PROFILE

新宅廣二

1968年生。專攻動物行為學與教育工學，研究所修畢後，任職於上野動物園、多摩動物公園。其後，包含國內外田野調查在內，學習了400種以上的野生動物生態及飼育方法。也持有狩獵執照。在大學有20年以上的任教經驗。在監修方面，除了協助國內外的自然紀錄片電影、科學節目等超過300件作品之外，也有從事動物園、水族館、博物館的編制工作。為動物圖鑑執筆、監修等，著書無數。

Twitter: @Koji_Shintaku

TITLE

超熱血！動物瘋奧運

STAFF

出版	瑞昇文化事業股份有限公司
作者	新宅廣二
譯者	蔣詩綺
總編輯	郭湘齡
責任編輯	張聿雯
文字編輯	徐承義　蕭妤秦
美術編輯	許菩真
排版	執筆者設計工作室
製版	印研科技有限公司
印刷	桂林彩色印刷股份有限公司
法律顧問	立勤國際法律事務所　黃沛聲律師
戶名	瑞昇文化事業股份有限公司
劃撥帳號	19598343
地址	新北市中和區景平路464巷2弄1-4號
電話	(02)2945-3191
傳真	(02)2945-3190
網址	www.rising-books.com.tw
Mail	deepblue@rising-books.com.tw
本版日期	2022年6月
定價	380元

ORIGINAL JAPANESE EDITION STAFF

イラスト	イケガメシノ（ドウブツスポーツ新聞、注目選手、練習風景、どうぶつサッカーワールドカップの扉、どうぶつWBCの扉） イシダコウ（マンガ、主な出場選手＆コラム挿絵、どうぶつサッカーワールドカップのチーム、どうぶつWBCのチーム）
デザイン	髙垣智彦（かわうそ部長）
DTP	株式会社センターメディア
編集	高橋淳二・野口武（JET）
校正	くすのき舎
企画・進行	木村俊介・中嶋仁美（辰巳出版）

國家圖書館出版品預行編目資料

超熱血!動物瘋奧運 = Animal sports championship / 新宅廣二著 ; イケガメシノ, イシダコウ繪 ; 蔣詩綺譯. -- 初版. -- 新北市 : 瑞昇文化, 2020.10
192面 ; 14.8x21公分
ISBN 978-986-401-435-4(平裝)
1.動物 2.通俗作品

380　　109011424